RAL · NEU 研究报告　No. 0024

搪瓷钢的产品开发及机理研究

轧制技术及连轧自动化国家重点实验室
（东北大学）

北　京
冶　金　工　业　出　版　社
2016

内容简介

本研究报告介绍了东北大学轧制技术及连轧自动化国家重点实验室在搪瓷钢理论研究及产品开发方面的最新进展。报告内容主要分为4个部分，其中第2章为热轧搪瓷钢的组织性能研究；第3、4章为低碳、超低碳冷轧搪瓷钢组织及性能研究；第5章为钢中的氢渗透行为机理及实验研究；第6章为涂搪工艺对低碳搪瓷钢组织性能的影响。报告中介绍的研究工作大部分已经在工业化生产中得到了推广应用，产生了显著的社会经济效益。

本报告可供材料、冶金、化工等部门的科技人员及高等院校相关专业师生参考。

图书在版编目(CIP)数据

搪瓷钢的产品开发及机理研究/轧制技术及连轧自动化国家重点实验室(东北大学)著．—北京：冶金工业出版社，2016.12

(RAL·NEU研究报告)

ISBN 978-7-5024-7432-4

Ⅰ.①搪… Ⅱ.①轧… Ⅲ.①搪瓷—钢—产品开发—研究 Ⅳ.①TQ173 ②TG161

中国版本图书馆CIP数据核字（2016）第315192号

出版人 谭学余

地址 北京市东城区嵩祝院北巷39号 邮编 100009 电话 (010)64027926

网址 www.cnmip.com.cn 电子信箱 yjcbs@cnmip.com.cn

策划 任静波 责任编辑 卢敏 夏小雪 美术编辑 彭子赫

版式设计 彭子赫 责任校对 卿文春 责任印制 牛晓波

ISBN 978-7-5024-7432-4

冶金工业出版社出版发行；各地新华书店经销；固安华明印业有限公司印刷

2016年12月第1版，2016年12月第1次印刷

169mm×239mm；8印张；122千字；112页

48.00元

冶金工业出版社 投稿电话 (010)64027932 投稿信箱 tougao@cnmip.com.cn

冶金工业出版社营销中心 电话 (010)64044283 传真 (010)64027893

冶金书店 地址 北京市东四西大街46号(100010) 电话 (010)65289081(兼传真)

冶金工业出版社天猫旗舰店 yjgycbs.tmall.com

（本书如有印装质量问题，本社营销中心负责退换）

研究项目概述

1. 研究项目背景与立题依据

本项研究工作的背景是课题组与企业合作的科研项目，这些项目包括与马钢合作的家电用搪瓷钢机理研究及其关键性能评价，与唐山国丰钢铁公司合作的新型系列冷轧搪瓷用钢研究开发。这些研究工作均涉及搪瓷钢轧制及退火工艺、氢在钢中渗透行为及析出粒子等方面的研究内容。

热轧搪瓷钢板是近些年开发并开始使用的经济型环保类型产品，主要应用于建筑设施、消防设施、家电、石油化工设施等。我国传统搪瓷制品的主要生产商大多为中小型企业，其生产的产品多为日用搪瓷制品和搪瓷玻璃化工制品等。如搪瓷化工反应釜、搪瓷玻璃制品储存容器、搪瓷冷凝器等则主要是以热轧搪瓷钢板为生产原料的，随着我国化工产业的发展，这部分制品的市场需求也逐年增加。且搪瓷制品的应用范围已经开始呈现着多元化的方向发展，向生活中的各个领域扩展。

从研究现状来看，国内相关机构对搪瓷专用钢板的研究大多针对热轧搪瓷用钢板和超低碳冷轧搪瓷用钢板开展，为获得稳定的第二相作为“氢陷阱”大都添加了 Nb、V、Ti 或 RE 等合金元素。而对于优化低碳冷轧搪瓷用钢成分，控制 S、Mn 和 B 等元素含量，利用珠光体、渗碳体和 MnS 作为“氢陷阱”，并且系统研究热轧和退火工艺参数对搪瓷用钢综合性能的影响，深入探讨钢中不同类型的第二相对成型性能和抗鳞爆性能影响的报道尚比较少见。

2. 研究进展与成果

本项研究工作最早开始于 RAL 国家重点实验室承担的与唐山国丰钢铁公司合作的项目。搪瓷钢的轧制及退火工艺控制与钢中析出物控制研究，其难点在于通过对轧制退火及析出物的控制，既要保证搪瓷钢的抗鳞爆性能，又要保证搪瓷钢的高成型性能。课题组通过与唐山国丰钢铁公司及马鞍山钢铁股份有限公司的合作项目，对这些问题进行了系统研究并取得了重要进展。

以下是本项研究工作的具体研究内容和主要研究结果：

（1）在实验室研究了模拟搪瓷烧制工艺对热轧搪瓷钢的组织演变和力学性能的影响规律，并分析热轧搪瓷钢中存在的各类型第二相粒子。结果表明：热轧搪瓷板组织以铁素体为主，经模拟搪烧后，随搪烧时间的延长，铁素体晶粒尺寸呈增大趋势。随着搪烧温度的升高，保温时间延长，实验钢的强度逐渐下降，塑性提高。确定了最佳的搪烧温度。同时，也可适当提高 C 含量，调整工艺，提高原板的强度。

（2）以低碳且适当增加 S、Mn 含量为基础，设计了不添加 B 和添加微量 B 元素及只添加 Ti 元素的 3 种低碳搪瓷实验钢。通过实验室条件下的工艺模拟，研究了热轧及退火工艺对实验钢组织性能的影响。对含 Ti 超低碳搪瓷钢进行了罩式退火和连续退火工艺研究，对其进行了力学性能测试，并利用光学显微及电镜对实验钢的显微组织及微观织构进行了研究。结果表明：

1）含 B 低碳搪瓷钢在不同温度罩式退火获得的均为单相铁素体组织，且分布均匀，晶粒尺寸在 10~50μm 范围。在 620~710℃退火后，强度随着温度的升高逐渐下降。n 值在 710℃退火后升高为 0.22，退火后的断后伸长率在 9.6%~18.5%。确定了 2 号实验钢的罩式退火工艺为 710~730℃，保温 5h。

2）在退火温度由 650℃升至 730℃过程中，低碳搪瓷钢的氢渗透时间有着明显的降低。在 2 号实验钢中添加了合金元素 Ti，会和钢中的 S、C 形成大量粗大弥散的第二相粒子 $Ti_4C_2S_2$，提高钢板的贮氢性能，因此添加微量合金元素 Ti，可以有效提高实验钢的氢渗透时间。

3）超低碳搪瓷钢连退组织主要以铁素体为主，晶粒尺寸为 5~30μm，晶内析出物尺寸随着保温温度的升高而增大。提高均热温度，可使力学性能得到优化，晶粒尺寸增大，γ 织构加强。延长均热阶段的保温时间也有利于 γ 织构的增强以及力学性能的优化。确定了连续退火工艺中最佳制度为 850℃均热并保温 60s。实验钢经 730℃罩式退火后的力学性能最佳，随着退火温度的升高，力学性能得到优化，晶粒尺寸增大，γ 织构强度逐渐增加。

4）随着退火温度的改变，织构以 γ 纤维织构为主，α 纤维织构始终很弱，而 γ 纤维织构很强。随着退火温度的升高，氢渗透时间 t_b 缩短。

5）在采用两种退火工艺的超低碳搪瓷钢中均存在大量析出物，其中小尺寸的析出物为 Ti(C，N)，大尺寸的析出物主要为 $Ti_4C_2S_2$和 MnS。在连续退火工艺中，随着均热温度的升高及保温时间的延长，析出物经过聚集长大，尺寸均有明显的增大。与连续退火相比较，罩式退火后的析出物由于保温时间长，得到充分的长大，其尺寸及体积分数大于连续退火后的实验钢。

（3）研究了超低碳冷轧搪瓷用钢中析出相尺寸和分布的影响，分析了 $Ti_4C_2S_2$和 Ti(C，N）析出粒子对钢板抗鳞爆性能的影响规律和机理。

1）实验钢的组织均以铁素体为主，SPCC 及宝钢 2.0 钢中，在晶界处可观察到少量珠光体，STC1 中没有珠光体，组织更加细小。M380AS 实验钢铁素体组织明显更加细小，具有一定含量的珠光体，晶界处存在明显的粗条状渗碳体。DC01 实验钢组织以等轴铁素体为主，晶粒尺寸稍大于宝钢 2.0 实验钢。

2）含有 Ti、Nb 的搪瓷专用钢板 M380AS 的 H 渗透时间 t_b明显大于其他试样，钢中含有较多的“氢陷阱”，可提高抗鳞爆性能指标。实验钢中的 MnS、TiN、Ti(C，N)等析出物作为“氢陷阱”，使氢渗透的能力降低。析出物 TiS 和大量的位错都起到了“氢陷阱”的作用，有效提高实验钢的抗鳞爆性能。

3. 论文

（1）董福涛，杜林秀，王晓南，刘相华，焦景民. 退火温度对 DC03EK 搪瓷钢组织性能的影响［J］. 材料热处理学报，2012，33（10）：74~79.

（2）Dong Futao, Du Linxiu, Liu Xianghua, Jiao Jingmin. Influence of sulfur and manganese contents on texture and fish-scale resistance of DC03EK cold-rolled enamel steel [J]. Materials Science Forum, 2013, 749: 337~342.

（3）Dong Futao, Du Linxiu, Liu Xianghua, Hu Jun, Xue Fei. Effect of Ti (C, N) precipitation on the texture evolution and fish-scale resistance of ultra-low carbon Ti-bearing enamel steel [J]. Journal of Iron and Steel Research International, 2013, 20 (4): 41~47.

（4）Dong Futao, Du Linxiu, Liu Xianghua, Xue Fei. Optimization of Chemical Compositions in Low-carbon Al-killed Enamel Steel Produced by Ultra-fast Continuous Annealing [J]. Materials Characterization, 2013, 84: 81~87.

（5）董福涛，杜林秀，刘相华，薛飞. 连续退火工艺对含B搪瓷用钢组织性能的影响［J］. 金属学报，2013，49（10）：1160~1168.

（6）董福涛，杜林秀，刘相华，薛飞. 退火方式对含硼冷轧深冲搪瓷钢组织性能的影响［J］. 东北大学学报，2014，34（10）：1412~1415.

（7）Dong Futao, Du Linxiu, Liu Xianghua, Xue Fei. Effect of hot-strip coiling temperature on microstructure and properties of boron containing enamel steel［J］. Materials Research Innovations，2015，18（S4）：S4-290~S4-294.

（8）袁晓云，杜林秀，董福涛. 退火温度对DC05EK搪瓷用钢贮氢性能的影响［J］. 东北大学学报，2014，34（12）：1716~1720.

（9）张宜，吴红艳，吴桐，张麒，杜预，杜林秀. 搪瓷烧制工艺对210MPa搪瓷钢组织与性能的影响［J］. 金属热处理，2016，41（8）：94~98.

（10）张宜，吴红艳，张麒，杜预，董福涛，杜林秀. 搪瓷钢焊缝处瓷釉层凹坑缺陷形成原因分析［J］. 物理测试，2016，34（4）：48~52.

4. 项目完成人员

本项研究工作的参加人员主要是课题组的几位老师和研究生。报告的撰写由吴红艳老师带领几位博士生完成，杜林秀老师提出了很多建议。第1章由吴红艳撰写，第2、6章由吴红艳、吴桐撰写，第3、4、5章由吴红艳、董福涛、王晓南、袁晓云撰写，杜预负责格式和文字校对，整篇报告由吴红艳主编。

主要完成人员	职　称	单　位
吴红艳	副教授	东北大学RAL国家重点实验室
杜林秀	教　授	东北大学RAL国家重点实验室
董福涛	副教授	华北理工大学
王晓南	副教授	苏州大学
袁晓云	博士生	东北大学RAL国家重点实验室
杜预	博士生	东北大学RAL国家重点实验室
吴桐	工程师	沈阳黎明航空发动机集团公司

5. 报告执笔人

吴红艳、杜林秀、董福涛、吴桐、杜预。

6. 致谢

本项研究工作的背景是课题组与企业合作的科研项目，这些项目包括与马钢合作的家电用搪瓷钢机理研究及其关键性能评价，与唐山国丰钢铁公司合作的新型系列冷轧搪瓷用钢研究开发。这些研究工作均涉及搪瓷钢轧制及退火工艺、氢在钢中渗透行为及析出粒子等方面的研究内容。在研究工作的进行过程当中，除了课题组成员的努力工作之外，还得到了实验室领导、同事，以及合作企业的相关领导和工程技术人员的帮助与支持，这些帮助与支持对于上述科研项目的顺利完成和在析出理论研究上取得一定程度的进展是非常重要的。

轧制技术及连轧自动化国家重点实验室的领导对于我们的研究工作从方向的把握到具体的实验均给予了细致周到的关心与指导，在此表示由衷的感谢！同时，还要感谢实验室的多位老师，感谢大家在实验研究工作过程中给予的大力支持与帮助！

目　　录

摘　　要

本项研究工作对热轧和冷轧搪瓷用钢的微观组织特征、织构演变、成型性能和抗鳞爆性能进行了系统的研究与分析。通过实验室条件下的工艺模拟，重点研究了低碳冷轧搪瓷用钢化学成分对组织性能的影响，退火工艺对超低碳冷轧搪瓷用钢第二相粒子的析出规律及其对织构演变、成型性能和抗鳞爆性能的影响。具体研究内容和主要结果如下：

（1）在实验室研究了模拟搪瓷烧制工艺对210、330两个系列热轧搪瓷钢的组织演变和力学性能的影响规律，并分析热轧搪瓷钢中存在的各类型第二相粒子。结果表明：

1）210实验钢热轧板组织为单相铁素体，在低于830℃模拟搪烧后，组织没有明显的变化；850℃模拟搪烧时，随搪烧时间的延长，铁素体逐渐粗化；890℃模拟搪烧保温5min以上时，铁素体晶粒发生了明显的长大。因此，210实验钢的搪烧温度应当低于890℃，否则，搪烧后组织会发生明显的变化，严重影响搪瓷板质量，导致鳞爆的产生。

2）330实验钢热轧板组织主要以铁素体为主，少量珠光体分布于晶界的三相交界处。经模拟搪烧后，组织没有明显的变化，随搪烧时间的延长，铁素体晶粒尺寸呈增大趋势，珠光体含量逐渐降低。

3）210实验钢热轧板模拟搪烧后，钢板强度升高，塑性下降。随着搪烧温度的升高，保温时间延长，实验钢的强度逐渐下降，塑性提高。其中，850℃保温超过10min和890℃超过5min模拟搪烧后的实验钢抗拉强度低于原板。

4）330实验钢热轧板模拟搪烧保温时间为较短的2min时，钢板强度升高，塑性下降；随着保温时间的延长，实验钢的强度逐渐下降，塑性提高。860℃保温超过10min和890℃保温超过5min模拟搪烧后的实验钢屈服强度低于330MPa，无法达到强度性能指标。因此，330实验钢搪烧温度应低于860℃，若需要在较高温度搪烧时，应缩短保温时间。同时，也可适当提高C

含量，调整工艺，提高原板的强度。

(2) 以低碳且适当增加S、Mn含量为基础，设计了不添加B和添加微量B元素及只添加Ti元素的3种低碳搪瓷实验钢。通过实验室条件下的工艺模拟，研究了热轧及退火工艺对实验钢组织性能的影响。对含Ti超低碳搪瓷钢进行了罩式退火和连续退火工艺研究，对其进行了力学性能测试，并利用光学显微镜及电镜对实验钢的显微组织及微观织构进行了研究。结果表明：

1) 含B低碳搪瓷钢在不同温度罩式退火获得的均为单相铁素体组织，且分布均匀，晶粒尺寸在10~50μm范围。当680℃模拟罩式退火后，铁素体晶粒逐渐粗化；经710℃模拟罩式退火，组织明显长大，尺寸约为50μm。

2) 含B低碳搪瓷钢在620℃、650℃退火后的屈服强度分别为452MPa、445MPa，抗拉强度分别为491MPa、489MPa，未发生明显变化。在680℃和710℃退火后，实验钢的强度明显下降，屈服强度分别为368MPa、325MPa，抗拉强度分别为419MPa、389MPa。模拟罩式退火后的n值分别为0.1、0.12、0.12、0.22，退火后的断后伸长率分别为9.6%、15.5%、14%、18.5%。

3) 随着退火温度的提高，2号低碳搪瓷钢的屈服强度和抗拉强度变化的整体趋势是逐渐降低的，屈服强度的变化较为明显，抗拉强度的变化不是非常明显，因此，实验钢的屈强比逐渐降低。适宜于2号实验钢的罩式退火工艺为710~730℃，保温5h。

4) 在退火温度由650℃升至730℃过程中，低碳搪瓷钢的氢渗透时间有着明显的降低。在2号钢中添加了合金元素Ti，会和钢中的S、C形成大量粗大弥散的第二相粒子$Ti_4C_2S_2$，提高钢板的贮氢性能，因此添加微量合金元素Ti，可以有效提高实验钢的氢渗透时间。

5) 超低碳搪瓷钢连退组织主要以铁素体为主，晶粒尺寸为5~30μm，随着退火温度的提高，铁素体晶粒尺寸逐渐增大。实验钢晶内的析出物尺寸随着保温温度的升高而增大，同时，由于析出物的聚集长大而导致数量减少。随着保温时间的延长，晶粒逐步趋于均匀。

6) 超低碳搪瓷钢的连续退火工艺中，提高均热温度，可使力学性能得到优化，晶粒尺寸增大，γ织构加强。延长均热阶段的保温时间也有利于γ织构的增强以及力学性能的优化。在实验钢的连续退火工艺中最佳制度为

850℃均热并保温60s。实验钢经730℃罩式退火后的力学性能最佳，随着退火温度的升高，力学性能得到优化，晶粒尺寸增大，γ织构强度逐渐增加。

7）随着退火温度的改变，α和γ纤维织构均发生变化，但是，整体的趋势还是基本一致的，即α纤维织构始终很弱，而γ纤维织构很强。说明退火后的织构以γ纤维织构为主。随着退火温度的升高，氢渗透时间 t_b 缩短。在退火温度提升到850℃之前，氢渗透时间 t_b 缩短趋势比较缓慢。

8）在采用两种退火工艺的超低碳搪瓷钢中均存在大量析出物，其中小尺寸的析出物为Ti(C，N)，大尺寸的析出物主要为 $Ti_4C_2S_2$ 和MnS。在连续退火工艺中，随着均热温度的升高及保温时间的延长，析出物经过聚集长大，尺寸均有明显的增大。与连续退火相比较，罩式退火后的析出物由于保温时间长，得到充分的长大，其尺寸及体积分数大于连续退火后的实验钢。

(3) 研究了超低碳冷轧搪瓷用钢中析出相尺寸和分布的影响，分析了 $Ti_4C_2S_2$ 和Ti(C，N) 析出粒子对钢板抗鳞爆性能的影响规律和机理。

1）实验钢的组织均以铁素体为主，SPCC及宝钢2.0钢中，在晶界处可观察到少量珠光体，STC1中没有珠光体，组织更加细小。M380AS实验钢铁素体组织明显更加细小，具有一定含量的珠光体，晶界处存在明显的粗条状渗碳体。DC01实验钢组织为以等轴铁素体为主，晶粒尺寸稍大于宝钢2.0实验钢。

2）含有Ti、Nb的搪瓷专用钢板M380AS的H渗透时间 t_b 明显大于其他试样，钢中含有较多的“氢陷阱”，可提高抗鳞爆性能指标。

3）实验钢中都添加了Mn元素，会生成析出物MnS，而大部分实验钢中都添加了Ti元素，会生成TiN、Ti(C，N) 等析出物。这些析出物作为“氢陷阱”，使氢渗透的能力降低。

4）从80钢的透射电镜照片中，可以看到，里面存在着大量的位错，而析出物TiS起到了钉扎位错的作用。析出物TiS和大量的位错都起到了“氢陷阱”的作用，有效提高实验钢的抗鳞爆性能。

5）实验钢中加入少量Nb，可以起到细化晶粒的作用，增加氢渗透时间，提高抗鳞爆性能。

关键词：搪瓷用钢；氢陷阱；连续退火；第二相析出；H渗透行为；抗鳞爆性能

1 绪　　论

搪瓷制品具有金属的牢固性和玻璃的耐用性及装饰性，是一种性能先进的复合材料。由于其具有耐腐蚀、耐酸碱、耐高温、易洗涤、无毒、无味、光滑耐磨和卫生清洁等良好的特性，是许多其他产品无法替代的，因此被广泛用于家用电器、厨房用具、建筑搪瓷和卫生设备等，如图 1-1 所示[1~5]。随着现代科学技术的进步，新金属材料层出不穷，新瓷釉材料也不断出现，促使搪瓷生产开发出许多新产品，在更多的领域发挥着特殊的作用。使搪瓷这个传统的先进材料焕发新的生命力，这也是今后搪瓷工业的发展方向。中国目前已成为世界上公认的搪瓷制品生产大国，年产值达到 240 亿元，拥有 600 多家企业。日用搪瓷制品的生产规模从 3 万吨发展到现在的近 30 万吨。产品出口世界各国，出口额每年达 12 亿美元之多，特别是进入 21 世纪以后，每年出口额以大于 10%的速度增长着。

图 1-1　日常生活中常见的搪瓷制品

搪瓷制品的鳞爆问题一直以来是影响其质量的主要问题之一，而搪瓷基板的抗鳞爆性能即钢板的贮氢性能是控制鳞爆现象发生的主要环节。钢板的贮氢性能的大小受到贮氢陷阱（晶界、位错密度和第二相粒子）数量影响，贮氢陷阱越多，钢板的贮氢能力越强，抗鳞爆性能越强[6~8]。国外搪瓷制品生产都采用特殊的专用搪瓷钢板，如日本、韩国等行业规定 SPP 冷轧板为搪瓷专用钢板，其性能质量完全符合搪瓷用钢七要素。我国上海宝钢 BTC1 冷轧板近年使用状况基本与 SPP 相同。但 SPP 冷轧板价格比国产普通板（SPCC 或 DC）价格高出许多，最高每吨差价 2000 元，最低差价每吨也有 500~600 元。且 SPP、BTC1 一般为期货交易或大宗采购，在市场零星采购很难购得。近年来搪瓷企业大多采用了 SPCC 或 SPCD、08AL 等普通板应用于搪瓷生产。成本较低、货源充足，但质量不稳定，经常会有搪瓷鳞爆现象发生，见表 1-1。

表 1-1 国内外搪瓷用钢抗鳞爆性能

生产厂家	牌 号	板厚/mm	鳞爆程度
马钢	SPCC、DC01、DC03	0.6、0.8	无鳞爆
马钢	DC04	0.6、0.8	严重鳞爆
首钢	DC01	0.6、0.8	无鳞爆
邯钢	SPCC	0.6、0.8	无鳞爆
包钢	SPCC	0.6、0.8	少许（3%~5%）可控制
本钢	SPCC	0.6、0.8	不稳定，时有时无
涟钢	SPCC	0.6、0.8	严重，不可控制
鞍钢	SPCC/SPCD	0.6、0.8	严重，不可控制
宝钢	SPCC/SPCD	0.6、0.8	5%~10%鳞爆，可控
宝钢	BTC1	0.6、0.8	无鳞爆
唐钢	08AL	0.6、0.8	10%~20%鳞爆，可控
日本	SPCC	0.6、0.8	严重鳞爆
韩国	SPCC	0.6、0.8	严重鳞爆
中国台湾中钢	SPCC	0.6、0.8	严重鳞爆
日本新日铁	SPP	0.6、0.8	无鳞爆
中国台湾中钢	SPP	0.6、0.8	无鳞爆
韩国	SPP	0.3~1	无鳞爆

因此，开发出成本低廉、生产工艺简单、性能优良、抗鳞爆性及密着性能良好的搪瓷基板已成为搪瓷生产发展的必然要求。

1.1 搪瓷用钢的国内外研究现状

搪瓷钢板的种类很多，按生产工艺分热轧板（即酸洗板）、冷轧板和覆层板等；按搪瓷工艺分一次搪瓷和二次搪瓷，单面搪瓷和双面搪瓷，湿法搪瓷和静电干粉搪瓷等；按成型性能分 CQ、DQ、DDQ 到 EDDQ 等不同冲压级别；按强度分有 245MPa、330MPa 等不同强度级别[9~12]。搪瓷钢板的性能要求主要包括强度、成型性、抗鳞爆性、密着性等方面，不同用途的搪瓷钢板要求具有不同的综合性能。

日本开展搪瓷用钢的研究相对较早。20 世纪 70 年代日本开发加 B 搪瓷钢，其成分为：小于 0.01% C、小于 0.5% Mn、0.01%~0.08% Al、0.001%~0.01% B、0.007%~0.05% Ti、0.01%~0.08% Zr。20 世纪 80 年代日本又开发出鳞爆抗力及深冲性能优良的搪瓷钢，其中加入了 0.001%~0.01% B。80 年代末研究开发了一种连铸深拉冷轧搪瓷钢板。钢中含 0.11% Ti+0.01% Sb，预处理酸洗时形成 Sb-Cu 沉淀物，防止了钢板表面残余沉积物过多，同时 TiC、TiN 增加了贮氢陷阱，提高了抗鳞爆能力，降低了搪烧翘曲。在深入研究的基础上开发出一种新型连铸铝镇静冷轧搪瓷钢板。钢中具有 0.03% C、0.15% Mn，再引入硼添加剂。实验表明，具有良好的抗搪烧下垂性和抗鳞爆能力；钢中碳化物细小且均匀分布、晶粒度 8~10 级，具有优良的深冲加工性和涂搪性。

欧洲一些技术人员目前对双面搪瓷用高强度热轧钢板开展了研究，提出了可以利用 TiC 同时提高热轧钢板的抗鳞爆性能和强度。生产工艺上采用高温轧制（1250℃开轧）和高温卷取（750℃卷取）。文献中报道的屈服强度低的样品，C 含量低于 0.02%。同时报道了具有较高屈服强度的 SPEX600 实验结果。提出了高 Ti 和低 S 的成分设计思路，但没有给出 C 的含量控制范围和具体的工艺方法。

20 世纪 90 年代中后期，国内楼堂馆所建设方兴未艾，大量的宾馆、酒店建造需要用到搪瓷浴缸，作为浴缸的基板，搪瓷钢的需求日益高涨。在这一背景下，宝钢积极研发，于 1997 年成功开发出 BTC1 高端搪瓷钢，并在 2000 年实现量产。随后还相继开发出热轧高强度搪瓷钢板、热轧深冲用搪瓷钢等产品。其产品种类、性能和用途见表 1-2。目前，宝钢已成为国内搪瓷钢品种最多、级别最全的企业。长期以来，宝钢搪瓷钢以过硬的性能和质量领先于国内同行，受到用户青睐，需求稳定。

表 1-2 宝钢搪瓷钢板的种类、性能和用途

牌 号	产品类型	性能特点	用 途
BTC1	超低碳深冲冷轧钢板	超深冲性能 优良的抗鳞爆性能 优良的密着性能 优良的抗挠性能	厨具、卫具、烧烤炉、建筑面板等
BTCR3	超低碳深冲热轧酸洗钢板	深冲性能 优良的抗鳞爆性能 优良的密着性能 较高强度	浴缸、烧烤炉、烤箱等
BTC245R	高强度热轧酸洗钢板	良好的冲压性能 良好的抗鳞爆性能 优良的密着性能 高强度	热水器内胆等
BTC330R	高强度热轧酸洗钢板	较好的冲压性能 良好的抗鳞爆性能 优良的密着性能	热水器内胆、化工罐等

鞍钢于 1980 年起先后研制出一系列搪瓷类专用钢，包括冷轧钢板、热轧钢板和无缝钢管产品等，满足了国内需求。随着设备条件的改进，鞍钢又相继开发出满足双面搪瓷要求的热轧、冷轧钢板，且产品实现了批量生产，能够稳定供应市场。其中针对环保行业开发的牌号为 ART310 的双面搪瓷用热轧带钢主要用于拼装型储罐。其成分要求见表 1-3，力学性能要求见表 1-4。钢板以轧制态交货，产品以连铸方法生产，通过热连轧机组轧制，经层流冷却后卷取。双面搪瓷用钢板已分别应用于酒泉卫星发射中心、北京 2008 年奥运会、泉州市区污水处理工程等建设中，在一批环保工程和生物能源工程中也进行了批量的应用。

表 1-3 ART310 钢板的化学成分要求 （质量分数,%）

C	Si	Mn	P	S	Ti	Als	Ti/C
≤0.08	≤0.10	≤0.35	≤0.060	≤0.015	0.02~0.06	≤0.055	≥2.5

表 1-4 ART310 钢板的力学性能要求

规格/mm	R_{eL}/MPa	R_m/MPa	A/%
2.0~10.0	≥300	≥350	≥19

1.2 化学成分设计的基本思路

碳(C)：碳是钢中最一般的强化元素，碳使钢材的强度增加，塑性下降，但是对于冲压成型用钢来说，需要的是低的屈服强度、高的均匀伸长率和总伸长率。由此可知，希望冲压用钢的碳含量低一些，一般冲压用钢的碳含量小于0.1%，优质冲压用钢的碳含量不大于0.04%，超深冲压用钢的碳含量则不大于0.003%。对于采用吹氧转炉生产的钢，碳含量最低可低于0.04%，所以在冶炼过程中就必须采用新技术来降低碳的含量。

氮(N)：氮在钢中一般使屈服强度和抗拉强度增加，硬度值上升，r值下降并引起时效。如果工艺控制不当，氮会和钛、铝等形成带尖角的夹杂物，这对于冲压用钢是非常不利的。因此，对于冲压用钢来说，氮的含量要尽量的降低；另外，对于搪瓷用钢来说，降低碳和氮的含量可降低合金元素 Ti 的使用量。

铝(Al)：铝在优质冲压用钢中一般作为脱氧剂加入的，作用主要是去除吹氧冶炼时溶在钢液中的氧。另外作为定氧剂，抑制氮在铁素体内的固溶，消除应变时效，提高低温塑性。

氧(O)：氧是炼钢中不可缺少的元素，但是氧与其他许多元素亲和力强，易于在钢中形成各种夹杂物，这对钢的性能不利。另外，如果氧过高也会影响其他元素的效果，如向钢中添加 Ti 以固定碳和氮时，如果氧含量不大于150ppm[1]，则钢中的｛111｝织构强而｛100｝织构弱，r值较高，但当氧含量大于150ppm[1]时，则｛111｝织构强度突然下降，r值突然下降。

硫(S)：硫在深冲用钢中是有害元素，因为硫通常在钢中形成硫化物如MnS、TiS 等。但是对于搪瓷用钢来说，需要一定量的第二相粒子来贮氢从而提高钢板的抗鳞爆性能。随着硫含量的提高，Ti-IF 钢的抗鳞爆性能和搪瓷密着性能都有明显的提高。因此，如何在保证搪瓷用钢的成型性能下获得优良

[1] $1ppm = 1 \times 10^{-6}$。

的抗鳞爆性能和搪瓷密着性能是成分设计中非常重要的环节。

钛(Ti)：钛作为一种强碳化物和硫化物形成元素，在搪瓷钢中添加 Ti 可以形成大量粗大弥散的第二相粒子 $Ti_4C_2S_2$，一方面可以有效地提高钢板的贮氢能力，另一方面粗大弥散的第二相粒子减少再结晶过程中的晶界钉扎，有利于 {111} 织构的发展，从而提高了钢板的 r 值。同时，Ti 与 S 的亲和力高于 Ti 与 Mn 的亲和力，可以有效地减少钢中线形夹杂物 MnS 的形成。在超低碳钢中，Ti 可以有效地固定钢中的 C、N 原子，消除拉伸过程中的屈服平台，获得纯净的铁素体组织。

由其所加工的产品决定一般搪瓷类用钢除了保证稳定的抗鳞爆性能外还需要一定的冲压性能。而这一要求在进行搪瓷用钢的成分设计时会产生一个矛盾，即为了保证搪瓷用钢的冲压性能需减少钢中的 C 和 S 成分的含量，而保证贮氢性能则需提高 C、S 和 Ti 的含量，减少钢中的 C、N 会提高钢的塑性，降低钢的强度。而提高 C、S 和 Ti 的含量是为了增加钢中所形成的第二相粒子，即贮氢陷阱。解决这一问题需注意两点：第一是控制 C、S 和 Ti 的含量，以保证形成足够弥散第二相的合理匹配 Ti、C 和 S 的含量，同时在炼钢时降低 N 的含量。第二是需注意控制第二相粒子的形态及数量问题。第二相粒子是搪瓷用钢贮氢陷阱的最重要保证，第二相粒子的形态和数量直接影响最终钢板的抗鳞爆性能。一般来说，大量粗大弥散分布的第二相粒子有利于钢的贮氢性能。

1.3 本项目研究内容

按低成本高性能化原则，通过化学成分控制和热轧工艺控制的研究，确定冷轧搪瓷钢热轧控轧控冷生产工艺；通过冷轧压下制度、罩式退火工艺及连续退火工艺研究，确定新型冷轧搪瓷钢系列产品的化学成分和冷轧工序生产工艺。研究内容如下：

（1）家电用搪瓷钢化学成分的确定，研究 C、S、Ti、B 等元素或其化合物对抗鳞爆性能、贮氢性能的影响。

（2）屈服强度 210MPa、330MPa 级热轧酸洗搪瓷钢板模拟高温退火力学性能及析出粒子变化规律研究。

（3）屈服强度 210MPa、330MPa 级热轧酸洗搪瓷钢板抗鳞爆性能评价及其影响因素研究。

（4）研究低碳、超低碳冷轧搪瓷钢退火工艺下再结晶变化规律和第二相粒子析出规律。

（5）罩式退火和连续退火两种工艺路线生产的低碳、超低碳冷轧搪瓷钢板抗鳞爆性能评价、贮氢机理及影响因素研究。

（6）罩式退火和连续退火两种工艺路线生产的冷轧超低碳搪瓷钢织构演变规律及成型性能研究。

（7）系列搪瓷钢的涂搪及密着性能研究。

2 热轧搪瓷钢的组织性能研究

2.1 实验材料及方法

2.1.1 化学成分及生产工艺模拟

实验用热轧搪瓷钢为热水器内胆用所设计，设计的两个牌号的实验钢分别为不同强度级别的产品。210 实验钢为屈服强度大于 210MPa 的热轧板；330 实验钢为屈服强度大于 330MPa 的热轧板。两种实验钢的成分差别主要为 C、Mn 含量不同，主要利用间隙固溶 C 和置换固溶 Mn 的强化作用调节钢板的强度。为保证搪瓷板的抗鳞爆性能，适当增加了 S 含量，并添加了少量的 Ti，拟采用渗碳体、MnS、TiS、$Ti_4C_2S_2$和 Ti(C，N）作为第二相粒子来提供氢陷阱，稳定束缚 H 原子，阻碍 H 在钢板中的自由扩散，防止搪瓷板鳞爆的产生。SPHC-P、SAPH440-P 为实验用对比钢，表 2-1 为实验用热轧搪瓷钢及对比钢的化学成分。

表 2-1 实验用热轧搪瓷钢及对比钢的化学成分 （质量分数,%）

试 样	C	Si	Mn	P	S	Als	Ti
SPHC-DR1(210)	0.02	<0.01	0.18	0.010	0.013	0.026	0.047
MTC330-P(330)	0.07	0.04	0.71	0.013	0.0006	0.054	0.036
SPHC-P	0.04	0.03	0.18	0.012	0.005	0.040	—
SAPH440-P	0.09	0.03	1.12	0.014	0.005	0.046	—

实验钢热轧板的终轧温度为 880~890℃，卷取温度为 630~650℃，板厚为 2~3mm。实验钢切割成 60mm×200mm 的板材。模拟搪瓷烧制工艺采用箱式电阻炉，保温温度分别为 800℃、830℃、860℃、890℃，保温时间分别为 2min、5min、10min、20min，保温后从炉中取出，空冷至室温。模拟烧搪工

艺如图 2-1 所示。

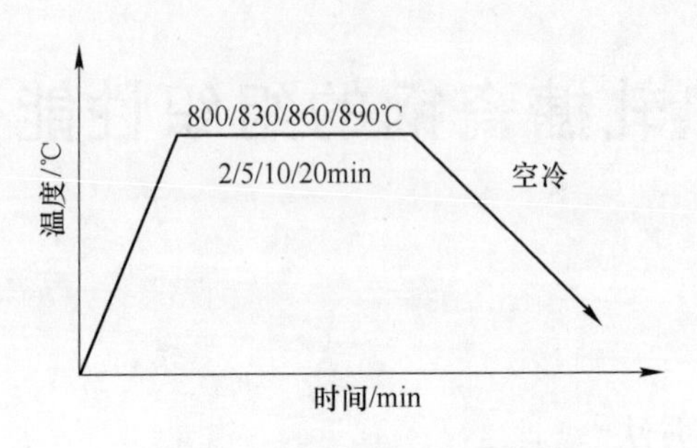

图 2-1 模拟烧搪工艺示意图

2.1.2 微观组织观察及力学性能检测分析

实验钢板试样 RD(轧制方向)×ND(板面法向)面经粗磨—精磨—抛光后，采用 4%的硝酸酒精溶液腐蚀，用 LEICA-Q550IW 金相显微镜（OM）和 FEI-Quanta600 扫描电镜（SEM）对其显微组织进行观察。

实验钢沿轧制纵向切取拉伸试样，试样为符合国家标准《金属材料—室温拉伸试验方法》（GB/T 228—2002）的矩形非比例拉伸试样，其尺寸参数如图 2-2 所示。在拉伸实验机上以 5mm/min 的拉伸速度进行室温拉伸实验，获得强度、断后伸长率、加工硬化指数(n 值）和塑性应变比(r 值)。

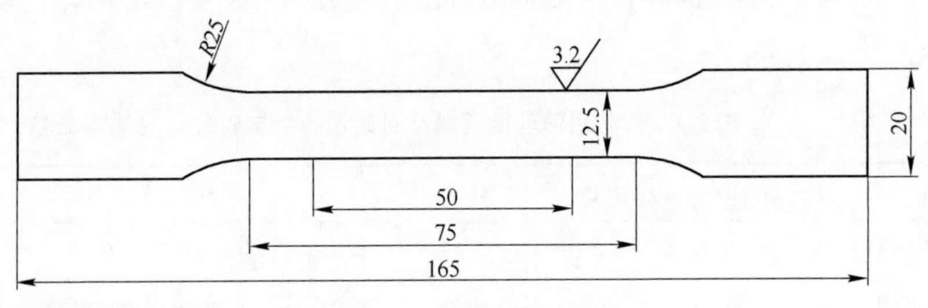

图 2-2 拉伸试样尺寸

2.1.3 氢渗透理论

扩散的基本原理即由于存在浓度或者应力的梯度时，为了达到其内部化学势的平衡，而产生由高势能一侧向低势能一侧进行扩散。对于搪瓷钢的氢渗透，即在化学势差下，氢原子会向金属内部产生定向移动。在规律上符合菲克第一、第二定律：

菲克第一定律：
$$J = - D\left(\frac{\partial c}{\partial x}\right) \tag{2-1}$$

菲克第二定律：
$$\frac{\partial c}{\partial t} = - D\left(\frac{\partial^2 c}{\partial x^2}\right) \tag{2-2}$$

式中，J 为氢通过金属截面的扩散通量，mol/(s·cm^2)；D 为氢在金属中的扩散系数，cm^2/s；c 为氢在金属中的体积浓度，mol/dm^3；x 为氢在金属中的扩散距离，cm。

应用菲克第一、第二定律来计算氢的扩散系数时，需要考虑适用范围和初始条件等一些重要的因素。由于氢在金属中的扩散，或者说氢渗透主要是受到了浓度梯度和扩散温度的影响，因此无论是恒电位还是恒电流的氢渗透条件，在求解氢穿透金属时的理论数学方程，均可以使用菲克定律。

(1) 恒电位条件：

由方程式（2-1）和式（2-2），设定浓度边界条件：

$$c(0,\ t) = c_i \qquad (t > 0)$$

$$c(1,\ t) = c_i \qquad (t > 0)$$

设定初始浓度条件：

$$c(x,\ 0) = c_0$$

使用变量分离法对上述方程进行求解，这样可以得到溶液的近似浓度：

$$c(x,\ t) = c_i + (c_l - c_i)\frac{x}{l} + \frac{2}{\pi}\sum_{n=1}^{\infty}\frac{c_l\cos n\pi - c_i}{n}\sin\left(\frac{n\pi x}{l}\right)\exp\left[-D\left(\frac{n\pi}{l}\right)^2 t\right] +$$
$$\frac{4c_0}{\pi}\sum_{m=1}^{\infty}\frac{1}{2m+1}\sin\left[\frac{(2m+1)\pi x}{l}\right]\exp\left\{-D\left[\frac{(2m+1)\pi}{l}\right]^2 t\right\} \tag{2-3}$$

当扩散发生在恒电位条件下时，c_0（充氢之前氢的浓度）和 c_1（出口端氢的浓度）可以看作恒定为零，因此式（2-3）可以简化为：

$$c(x,\ t) = c_l - c_i\frac{x}{l} - \frac{2}{\pi}\sum_{n=1}^{\infty}\frac{c_i}{n}\sin\left(\frac{n\pi x}{l}\right)\exp\left[-D\left(\frac{n\pi}{l}\right)^2 t\right] \tag{2-4}$$

在渗氢过程中，由于在试样的阳极端对氢原子进行了氧化处理，所以无论采用哪种方法渗氢，阳极端表面氢的浓度都始终为零，同时进口端表面氢浓度的静态边界条件也得到了确定。恒电位条件下变化的只有扩散通量，而进口端浓度是不变的。而在恒电流条件下，我们可以假设变化的是浓度而不是扩散通量，则相应地电位也发生变化。

利用菲克第一定律可以确定在这种情况下氢的扩散通量，因此可以得到以下的方程式：

$$J(t) = J_{\infty}\left\{1 + 2\sum_{n=1}^{\infty}(-1)^{n}\exp\left[-D\left(\frac{n\pi}{l}\right)^{2}t\right]\right\} \tag{2-5}$$

(2) 恒电流条件：

由方程式 (2-1) 和式 (2-2)，可以假定出边界条件：

$$\frac{\partial c(0,\ t)}{\partial x} = -\frac{J}{D} \quad (t > 0)$$

$$c(l,\ t) = c_1 \quad (t > 0)$$

此时，列 $F_0 = -\frac{J_{\infty}}{D}$ 就可以得到初始条件：$c(x,\ t) = c_0$。

利用与式 (2-3) 中相同的分离变量法，可以简化得到氢原子浓度的近似值方程以及扩散方程：

$$c(x,\ t) = F_0(x - l) + 8F_0 l\sum_{m=0}^{\infty}\left\{\frac{1}{[(2m+1)\pi]^{2}}\right\}\cos\left(\frac{2m+1}{2l}\pi x\right)$$

$$\exp\left[-D\left(\frac{2m+1}{2l}\pi\right)^{2}t\right] \tag{2-6}$$

$$J(t) = J_{\infty}\left\{1 - \frac{\pi}{4}\sum_{n=0}^{\infty}\frac{(-1)^{n}}{2n+1}\exp\left\{-D\left[\frac{(2n+1)\pi}{2l}\right]^{2}t\right\}\right\} \tag{2-7}$$

2.1.4 扩散系数的测定方法

首先设定进行氢渗透的金属试样的厚度为 L，再进行电化学氢渗透实验时，可根据初始条件和边界条件得到菲克第二定律的近似解：

$$\frac{I_t}{I_{\infty}} = 1 - 2\mathrm{e}^{-\pi^{2}\tau} \tag{2-8}$$

式 (2-8) 中，$\tau = \frac{Dt}{L^{2}}$，它是一个没有量纲的参数，但从中可以看到，方程的解明显与 τ 有很大关联，一般可以取 $\tau = 1/15.3$、0.138、1/6 这几个值其中之一，则可以进行扩散系数 D 的计算。最经常使用的测量氢在金属中扩散系

数 D 的三种方法为半增时间法、时间滞后法和穿透时间法。

其中氢渗透时间 t_b 指的是从阴极开始施加充氢电流到阳极一侧检验到阳极电流时的这段时间，为 $t_b = \dfrac{L^2}{15.3D}$，达到稳态值一半时的时间为 $t_{1/2} = \dfrac{0.139L^2}{D}$；利用实验得到的氢渗透曲线中，滞后时间 t_L 是指阳极瞬时电流密度值达到稳态电流密度的 0.63 倍时所对应的时间，即 $t_L = \dfrac{L^2}{6D}$，所得到的各项数据都需要通过氢渗透实验来测定。典型的氢渗透曲线如图 2-3 所示。

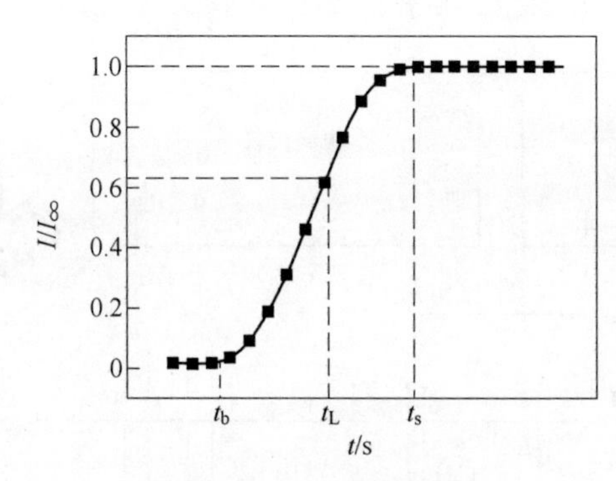

图 2-3　典型氢渗透曲线

根据图 2-3 所示，首先画出 I_t/I_∞ 随时间变化的曲线，然后在纵坐标上找出 0.076、0.63 和 1.0 这几个点，接下来从这几个点出发作水平线与氢渗透曲线相交，此时交点的横坐标即为 t_b、t_L 和 t_s。表 2-2 为常见电流密度分数与氢渗透时间的关系。

表 2-2　电流密度分数和氢渗透时间的关系

τ	1/15.3	0.138	1/6
I_t/I_∞	0.076	0.5	0.63
t	t_b	$t_{1/2}$	t_L

在测量氢扩散系数 D 时，有很多种方法，但本实验中采用 t_b 来测定，即：

$$D = \frac{0.138\,L^2}{t_{1/2}} \tag{2-9}$$

2.1.5 电化学氢渗透实验

搪瓷钢板的抗鳞爆性能与H在钢中的渗透和扩散性能密切相关。因此，检验搪瓷钢板的抗鳞爆性能除采用实际涂搪、烧制试验外，还通常采用电化学H渗透实验的间接方法，检测H在钢板中沿板厚方向渗透的滞后时间和扩散系数来衡量。延长H在钢中的渗透时间，降低H在钢中的扩散系数，可有效减少H原子在酸洗、搪烧阶段深入钢板，并阻碍溶解H向釉层/钢板界面处扩散和积聚，防止鳞爆发生。依据Devanathan和Nishimura的电化学H渗透实验方法，采用Fe-HP-12型金属H渗透性能测试仪检测和评价，实验原理图和实验设备照片分别如图2-4和图2-5所示。

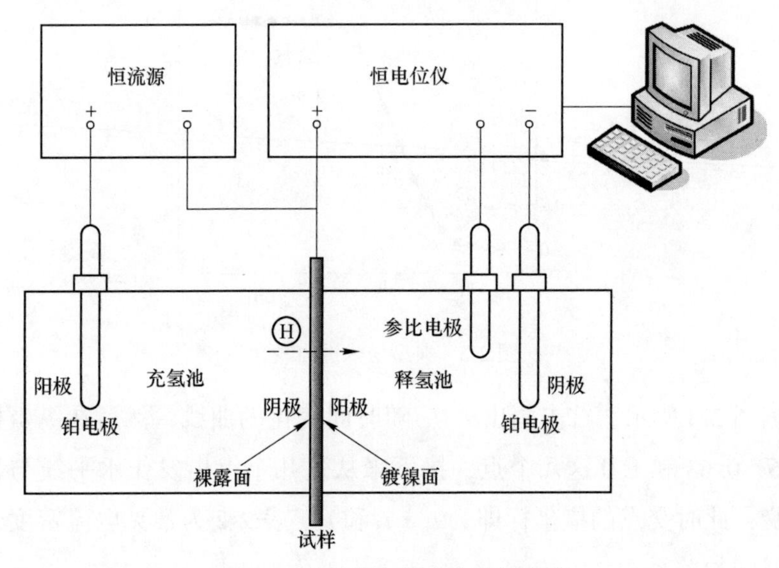

图2-4 电化学H渗透实验原理图

实验钢退火板切成50mm×80mm的矩形试样。用400号至1200号砂纸打磨至1.0mm厚。由于钢板表面粗糙度大会促进H+H→H_2↑的反应，使进入试样中的氢量减少，最大电流下降。因此，需要进一步提高试样的表面光洁度，对钢板进行电解抛光，在微观上消除试样表面的凹凸不平。抛光液为磷酸、硫酸和铬酐的水溶液，加热至70~80°C，放置于抛光设备中，采用石墨作阴极（阴极反应：$2H^{+}+2e^{-}\rightarrow H_2$↑），钢板作阳极（阳极反应：$Fe-2e^{-}\rightarrow Fe^{2+}$）。

由于在电解抛光过程中，钢板作为阳极，而在下一步的镀Ni处理中钢板

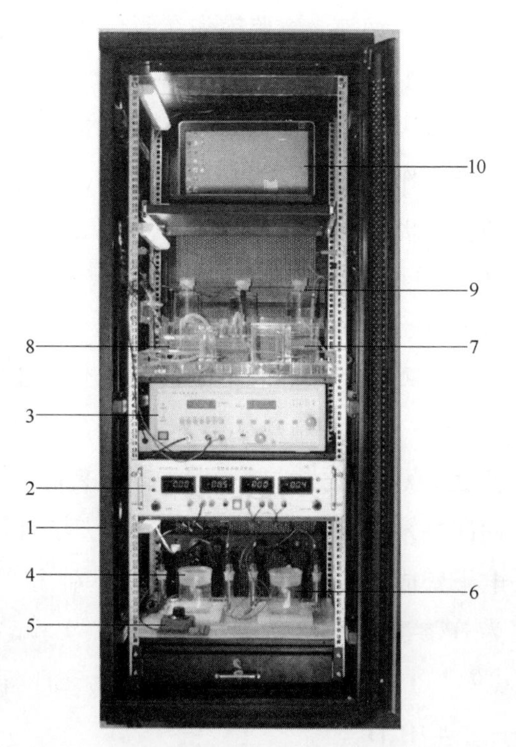

图 2-5 Fe-HP-12 型金属 H 渗透性能测试仪设备照片

1—氢渗透测试仪机柜；2—恒电流源；3—恒电位仪；4—抛光池；5—加热板；6—阴极化池；7—电镀池；8—充氢释氢电解池；9—储液瓶；10—笔记本电脑

作为阴极，为防止电解抛光对镀 Ni 处理的影响，先对钢板进行阴极化处理。电解液为 5%~10%的盐酸，钢板作阴极（阴极反应：$2H^{+}+2e^{-}\rightarrow H_2\uparrow$），石墨作阳极（阳极反应：$2Cl^{-}+2e^{-}\rightarrow Cl_2\uparrow$）。钢板试样单面镀 Ni。采用电化学的方式收集 H，必须在钢板的扩散面镀 Pd 或 Ni。原因是：首先，避免试样被阳极溶解腐蚀；同时，Pd 或 N 也是使 H 变成 H^{+}的良好催化剂，因为 H 在两种金属上的超电位很高，可阻碍 H 原子复合成氢气分子。试样作阴极（阴极反应：$Ni^{2+}+2e^{-}\rightarrow Ni$），镍块作阳极（阳极反应：$Ni-2e^{-}\rightarrow Ni^{2+}$）。

实验主体部分由 2 个电解池构成，即充 H 电解池和释 H 电解池。2 个电解池之间由钢板试样连接并隔开，未镀 Ni 的一面与充 H 电解池相连，镀 Ni 的一面与释 H 电解池相连。充氢电解液：0.2mol/L 的 NaOH 溶液，再加入 0.5mL 的饱和 Na_2S 溶液。Na_2S 并不参与电极反应，其主要作用是使阴极的 H 原子生成氢气的反应更慢，使更多 H 原子进入钢板中，增大检测信号。释氢电解液：0.2mol/L 的 NaOH 溶液。实验前先在两个电解池中通入 N_2，除去电解中的 O_2，因为 O_2会使阴极反应复杂化。

充 H 电解池中加 25mA 的恒电流，将溶液中的水电离产生 H 离子。试样与恒电流源的负极相连，作为阴极。H^+向阴极运动，在电解液与阴极界面处发生电化学反应，即在钢板表面得电子产生 H，H 经由钢板内部扩散至镀 Ni 的一面。充 H 电解池阴极反应（钢板）：$4H^+ + 4e^- = 4H = 2H_2\uparrow$；阳极反应（铂电极）：$4OH^- - 4e^- = O_2\uparrow + 2H_2O$。

释 H 电解池中，试样与恒电压源的正极相连，作为阳极。加恒电位 0.2~0.3V 至残余阳极电流降至平稳（小于 2μA/cm² 为好）。然后接通充 H 电流，保持恒电流（大小为 25mA），H 未扩散至钢板阳极表面时，由恒压电源、释 H 电解池构成稳定的回路，有稳定的基态电流产生。当 H 经由钢板扩散至阳极表面时，H 失去电子变成 H^+，会在基态电流的基础上产生一个电流增量，经仪器检测并换算为 H 渗透通量 J，直至达到稳态，实验记录界面如图 2-6 所示。释氢室阴极反应（Pt 电极）：$4H^+ + 4e^- = 4H = 2H_2\uparrow$；阳极反应（钢板）：$4OH^- - 4e^- = O_2\uparrow + 2H_2O$。

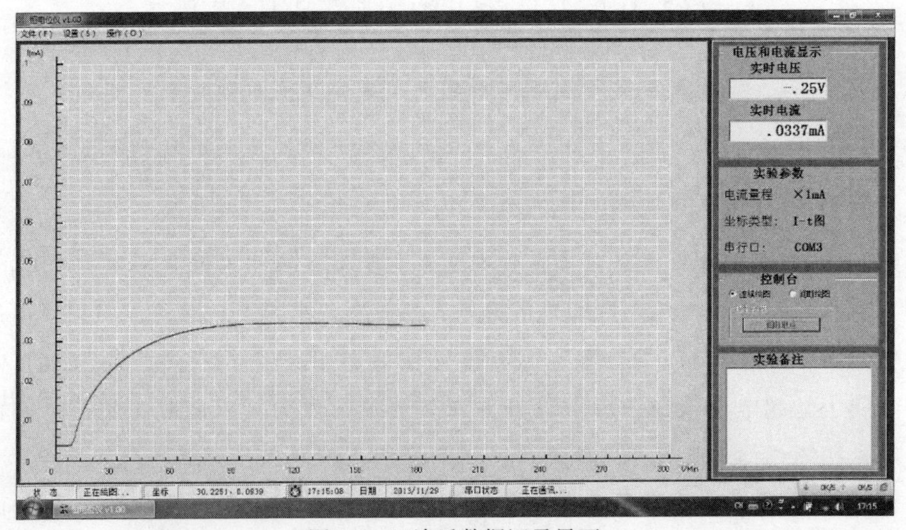

图 2-6 H 渗透数据记录界面

H 渗透通量：$J = I/F$，其中 F 为法拉第常数，$F = 96500A \cdot s/mol$；I 为释 H 电流，即释 H 电解池实际电流减去残余电流 I_a^0。H 渗透时间 t_b 为 H 渗透曲线上 H 渗诱率为 0.096 时，即归一化通量为 $J_t/J_{max} = 0.096$（其中，J_t 为 t 时

刻的 H 渗透通量，J_{max} 为稳态 H 渗透通量的最大值）所对应的时间。

2.2　实验结果与分析

2.2.1　微观组织特征

模拟搪瓷烧制工艺的 210 实验钢热轧板的金相组织如图 2-7 所示。由于

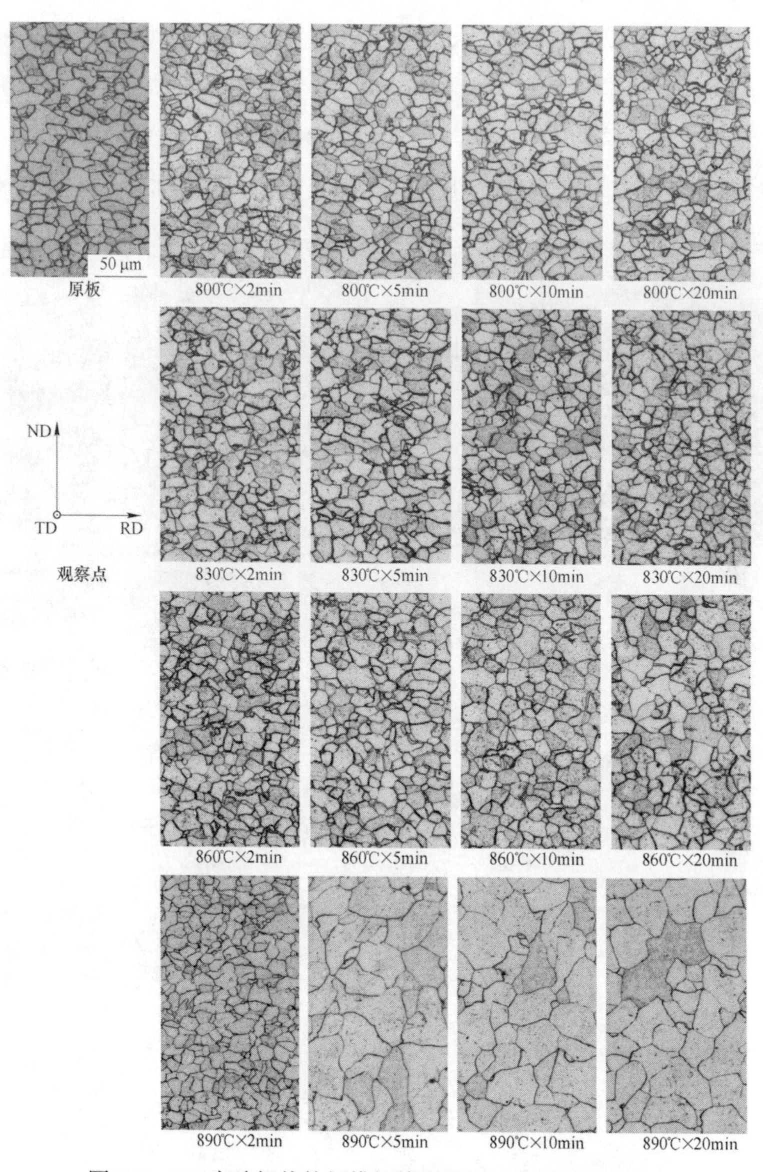

图 2-7　210 实验钢热轧板模拟搪瓷烧制工艺后的金相组织

0.02%的C含量，实验钢组织为单相铁素体，晶粒尺寸为10~30μm。经800℃和830℃模拟搪烧后，组织没有明显的变化；经860℃模拟搪烧后，随搪烧时间的延长，铁素体逐渐粗化；经890℃模拟搪烧保温2min时，组织没有明显的变化，而保温时间大于5min时，铁素体晶粒发生了明显的长大，其尺寸超过了50μm。因此可以看出，当搪烧温度达到890℃，保温时间超过5min时，210实验钢发生了完全奥氏体化而使得其组织明显粗化。

模拟搪瓷烧制工艺的330实验钢热轧板的金相组织如图2-8所示。由于0.07%的C含量，实验钢组织主要以铁素体为主，晶粒尺寸为5~15μm，少量珠光体分布于晶界的三相交界处。经模拟搪烧后，组织没有明显的变化，随搪烧时间的延长，铁素体晶粒尺寸呈增大趋势，珠光体含量逐渐降低。

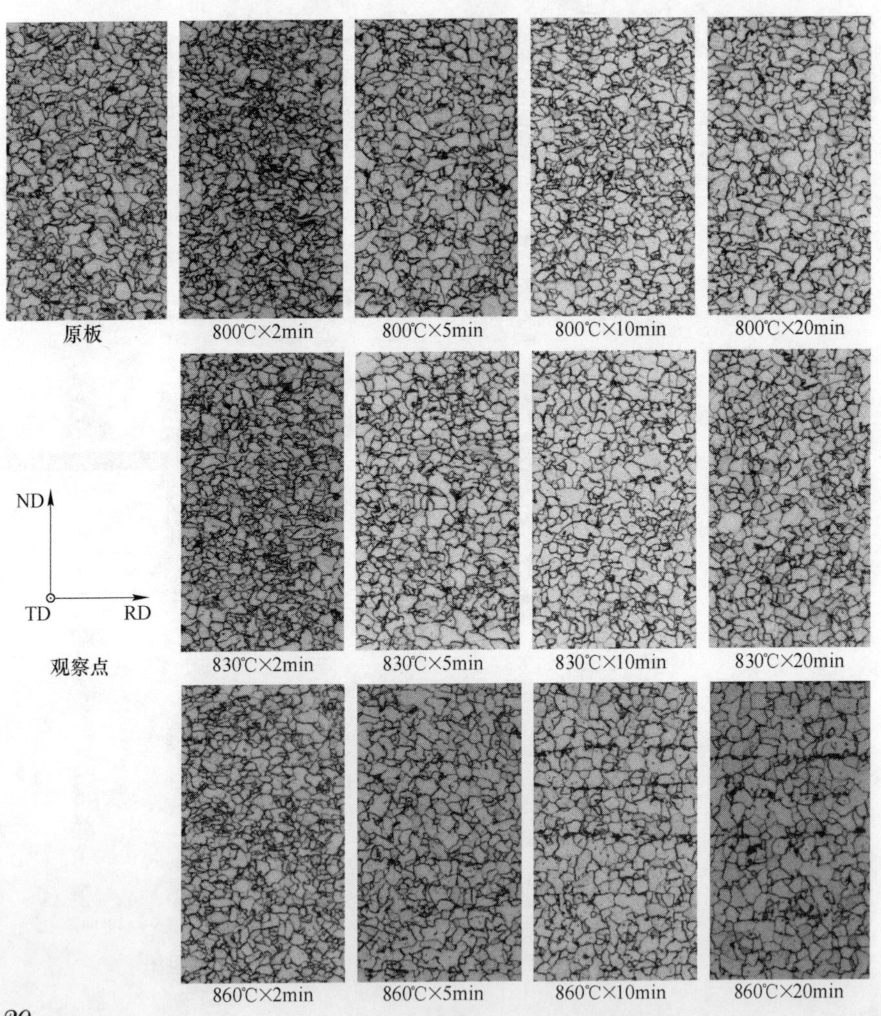

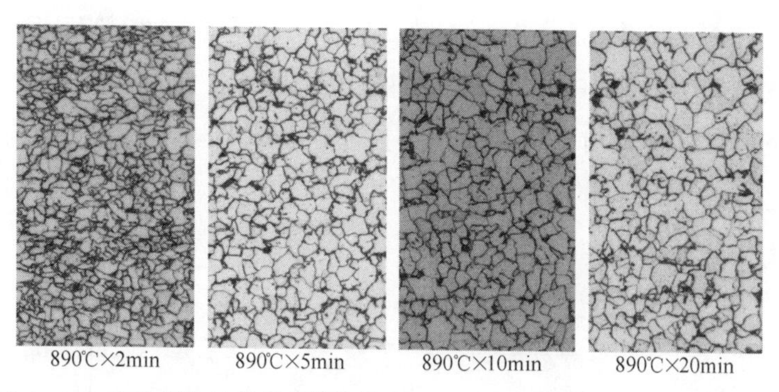

图 2-8 330 实验钢热轧板模拟搪瓷烧制工艺后的金相组织

2.2.2 热轧状态下析出物

为了保证实验热轧搪瓷钢板的抗鳞爆性能，实验钢的成分中添加了适量的 Mn 元素和少量的 Ti 元素，另外在实验钢中还添加了 S 元素。拟采用渗碳体、MnS、TiS、$Ti_4C_2S_2$和 Ti(C，N) 作为第二相粒子来提供氢陷阱，稳定束缚 H 原子，阻碍 H 在钢板中的自由扩散，防止搪瓷板鳞爆的产生。

2.2.2.1 常见简单析出物 MnS 和 TiN

在众多析出物当中，MnS 和 TiN 是比较常见的，也是会经常通过成分设计和轧制、退火工艺来控制析出以利用其作为氢陷阱，提升热轧钢板的抗鳞爆性能。通常来说，MnS 为圆形的第二相粒子，而 TiN 则为规则的方形第二相粒子，这两种第二相粒子较多的存在于晶粒内，比较容易找出。

图 2-9 为热轧板中的第二相粒子 TiN 和 MnS 的透射电镜照片；图 2-10 为

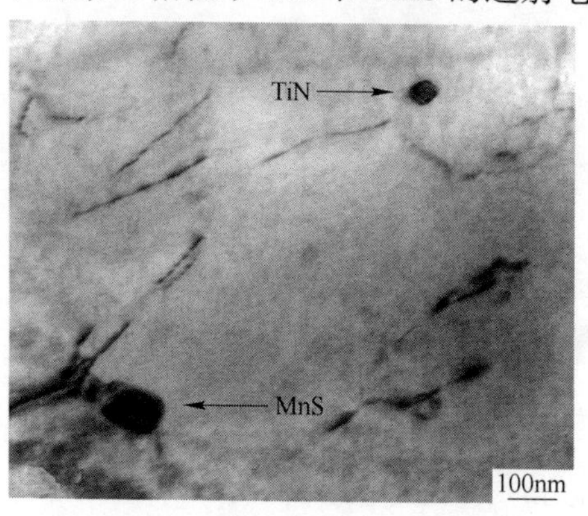

图 2-9 热轧板中第二相粒子

TiN 和 MnS 的能谱分析。从图 2-9 中可以看到，在热轧板中存在着方形的，尺寸为 50nm 左右的 TiN 第二相粒子。另外，还存在着尺寸为 100nm 左右的 MnS 第二相粒子。这些粒子均匀分布在铁素体晶粒内作为氢陷阱，提高抗鳞爆性能。

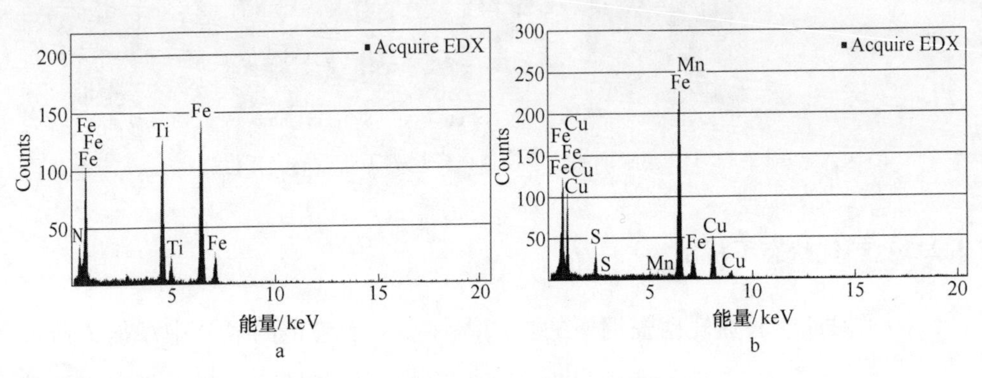

图 2-10 热轧板中第二相粒子能谱分析

a—TiN；b—MnS

2.2.2.2 复杂析出物 Ti(C, N)和 $Ti_4C_2S_2$

除了常见的简单析出物 MnS 和 TiN 外，还存在着一些比较复杂的析出物粒子，如 Ti(C, N)和 $Ti_4C_2S_2$，如图 2-11 和图 2-12 所示。这些第二相粒子同

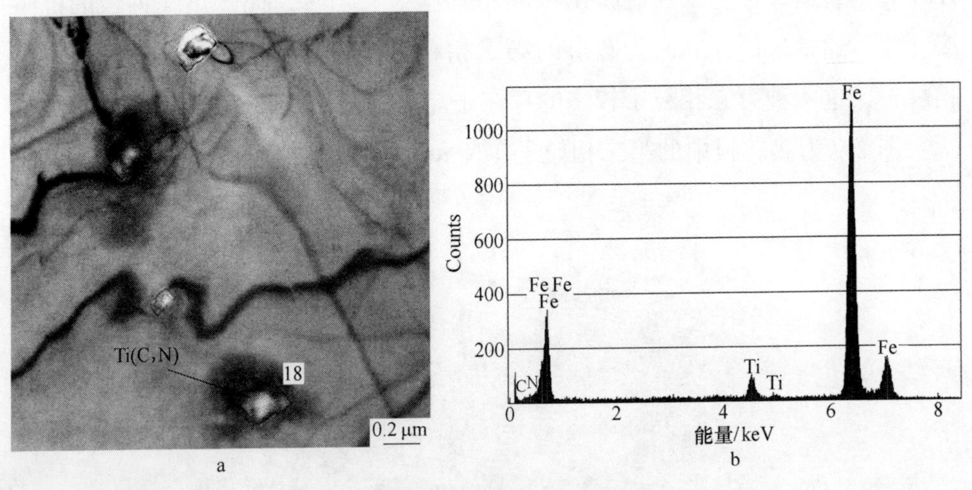

图 2-11 实验钢中的析出物 Ti(C, N)

a—Ti(C, N)透射电镜照片；b—Ti(C, N)能谱分析

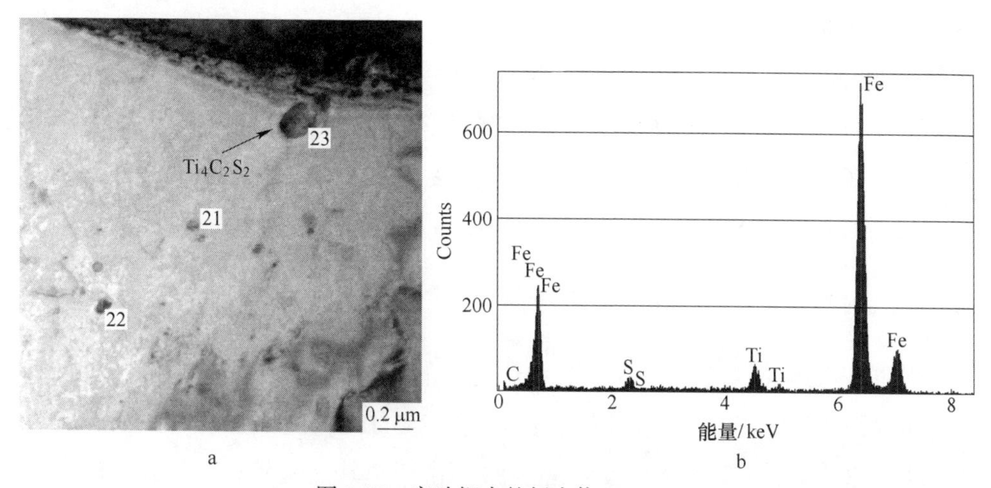

图 2-12 实验钢中的析出物 $Ti_4C_2S_2$

a—$Ti_4C_2S_2$透射电镜照片；b—$Ti_4C_2S_2$能谱分析

样起到了氢陷阱的作用，增加了搪瓷钢板的抗鳞爆性能。同时，不仅仅是第二相粒子，钢板中也存在着其他的一些微观组织，都对搪瓷钢板的抗鳞爆性能有着一定的影响。低碳低合金钢中对于氢的捕获能力从弱到强的顺序依次是：渗碳体、夹杂物、位错、粗化的析出物、弥散细小的析出物，当钢中的第二相粒子分布越弥散，粒子越小，其对氢的捕获作用越大。

图 2-13 为实验钢中 TiS 钉扎位错的透射电镜照片。氢陷阱不仅仅由第二相粒子提供，钢板中的位错缺陷也能作为氢陷阱，在一定程度上提升搪瓷钢

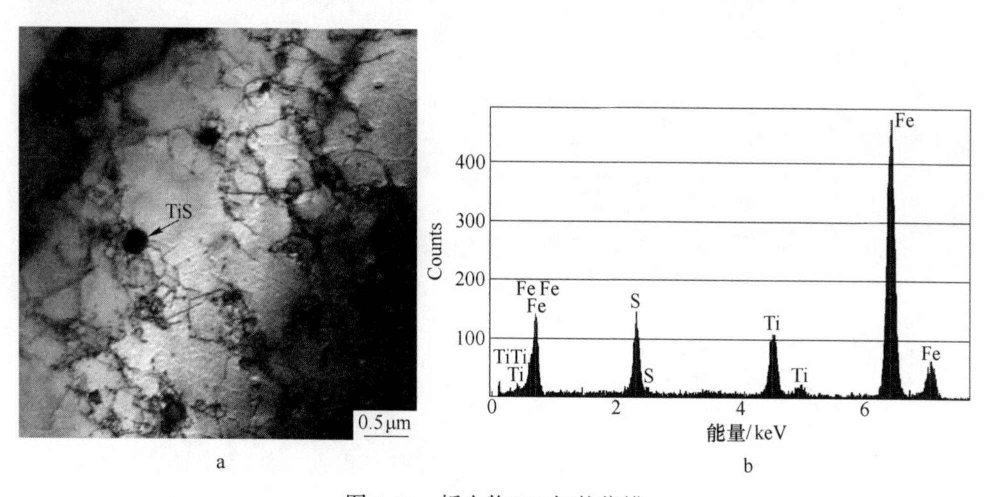

图 2-13 析出物 TiS 钉扎位错

a—TiS 钉扎位错；b—TiS 能谱分析

的抗鳞爆性能。但由于位错的存在，位错被第二相粒子钉扎住时，由于位错的运动是很复杂的，位错之间相互反应，位错受到阻碍的时候会发生不断的塞积，从而出现加工硬化现象。对于搪瓷钢来说，多用于家电等设备上，其需要较好的冲压性能，需要较好的成型性能，因此，位错的存在虽然会在一定程度上提高搪瓷钢的氢渗透能力，但损失了一定的力学性能。

2.2.3 力学性能

模拟搪瓷烧制工艺的210实验钢热轧板的力学性能变化，如图2-14所示。210实验钢热轧板模拟搪烧前的屈服强度为235MPa，抗拉强度为330MPa，n值为0.20，断后伸长率（A_{50}）为46.0%。由于热轧后采用相对较高的温度卷取，热轧板卷缓慢冷却，间隙固溶的碳原子有充分的时间形成三次渗碳体；

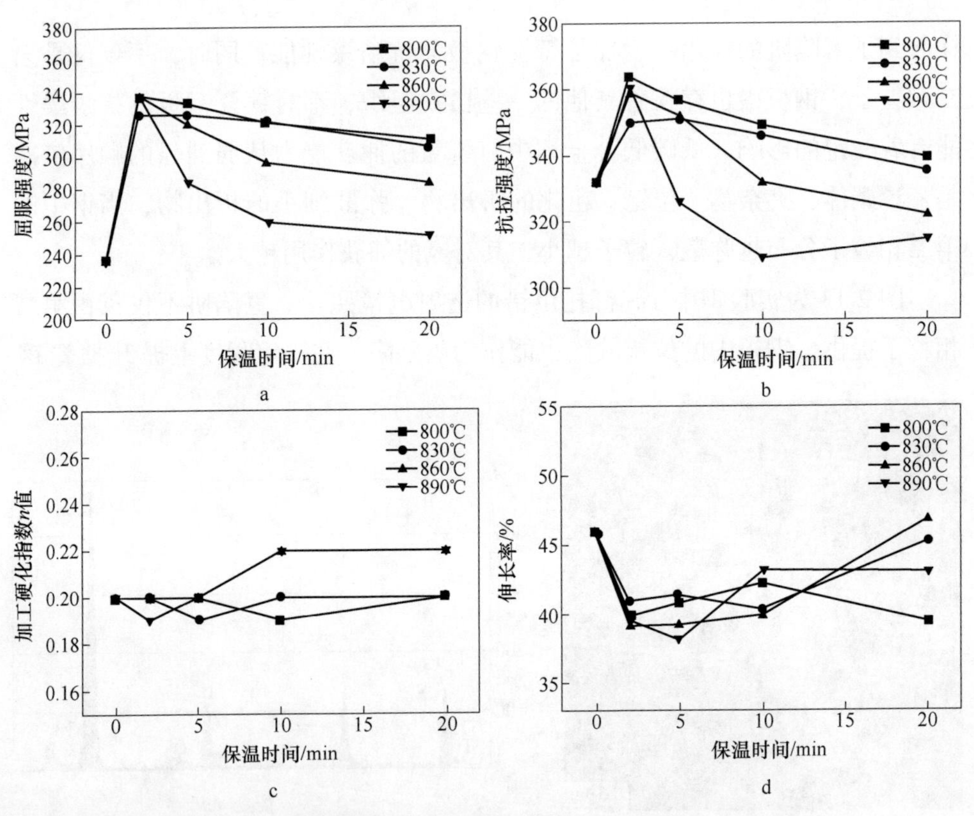

图2-14 210实验钢热轧板模拟搪瓷烧制工艺后的力学性能变化

a—屈服强度；b—抗拉强度；c—n值；d—伸长率

而模拟搪烧后，实验钢板采用空冷，碳原子过饱和固溶在基体中，其间隙固溶作用使得钢板强度升高，塑性下降。随着搪烧温度的升高，保温时间延长，晶粒和碳化物粗化，实验钢的强度逐渐下降，塑性提高。其中，860℃保温超过 10min 和 890℃保温超过 5min 模拟搪烧后的实验钢抗拉强度低于原板。

模拟搪瓷烧制工艺的 330 实验钢热轧板的力学性能变化，如图 2-15 所示。330 实验钢热轧板模拟搪烧前的屈服强度为 400MPa，抗拉强度为 500MPa，n 值为 0.15，断后伸长率（A_{50}）为 27.7%。与 210 实验钢相类似，当模拟搪烧保温时间为较短的 2min 时，由于碳原子的回溶，钢板强度升高，塑性下降；随着保温时间的延长，晶粒尺寸逐渐增大，珠光体含量下降，碳化物粗化，实验钢的强度逐渐下降，塑性提高。其中，800℃保温超过 10min 和 830℃以上保温超过 5min 模拟搪烧后的实验钢屈服强度低于原板，860℃保温超过 10min

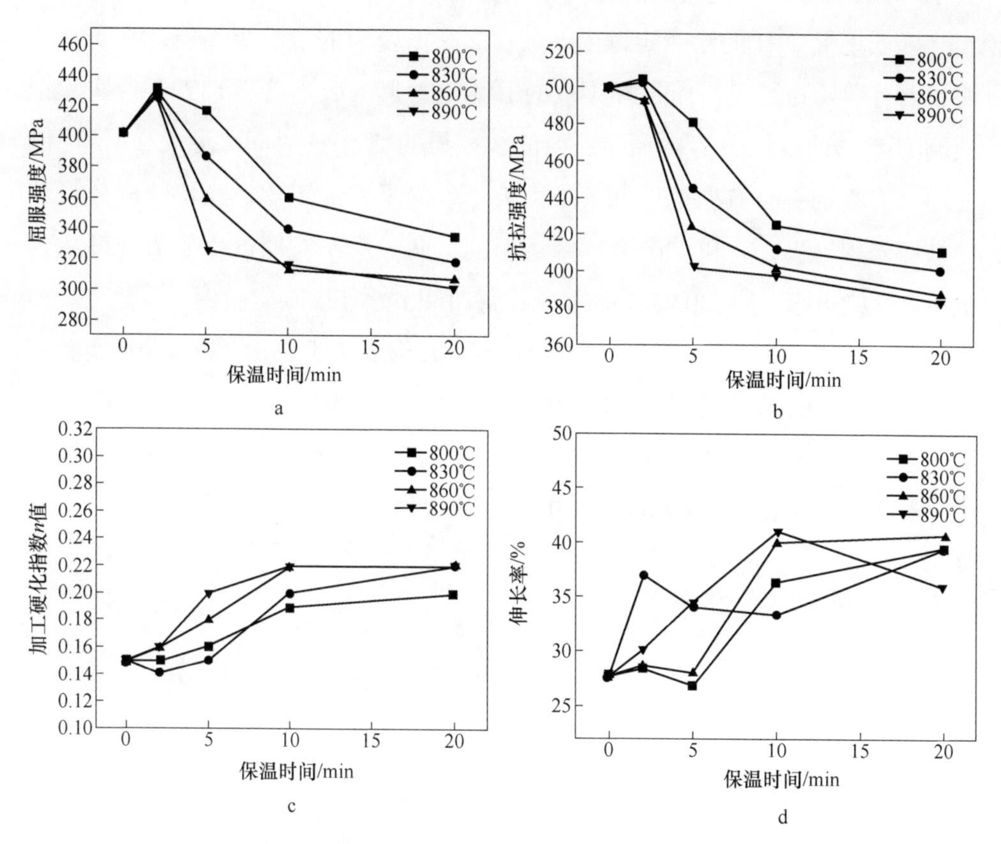

图 2-15 330 实验钢热轧板模拟搪瓷烧制工艺后的力学性能变化

a—屈服强度；b—抗拉强度；c—n 值；d—伸长率

和890℃保温超过5min模拟搪烧后的实验钢屈服强度低于330MPa，无法达到强度性能指标。

2.2.4 氢渗透行为和抗鳞爆性能

鳞爆是搪瓷制品独有的缺陷，它的危险性在于鳞爆有时在产品生产出来时就会出现，但有时在放入仓库里以后过一段时间才出现，甚至有时在用户使用时才在制品上出现。因此，提高抗鳞爆性能是搪瓷钢开发的一项重要任务。H原子半径很小，可通过Fe原子晶格自由扩散、聚集。但H原子在瓷质中的扩散非常困难。H在钢板中的溶解度随温度的降低而骤减。当钢板在高温下溶入较多的H原子时，在冷却后H原子就会聚集在钢板与搪瓷釉层间形成氢气，气体压力超过釉层承受时，即产生鳞爆。

降低钢板中H的渗透能力可以有效提高搪瓷钢的抗鳞爆性能。有研究表明，若有效防止鳞爆，1mm厚钢板的H渗透时间t_b应当低于6.7min。实验钢板的H渗透曲线如图2-16所示，由曲线截得的H渗透时间t_b见表2-3。可以看出，实验钢板的H渗透时间t_b与钢板厚度的平方成正比。经特殊成分设计的搪瓷专用钢板210和330的H渗透时间t_b明显大于对照试样的值，可达到抗鳞爆性能指标。而330实验钢的H渗透时间t_b小于210实验钢，虽然330实验钢的C、Mn含量更高，但其S含量过低，Ti含量小于210实验钢。在实验钢中形成MnS和TiC的过程中，C、Mn元素为过量的成分，因此，S、Ti含量决定了MnS和TiC的析出含量。由此可见，提高330实验钢的抗鳞爆性能，应适当提高S、Ti含量，建议S含量为0.02%~0.03%，Ti含量为0.05%。

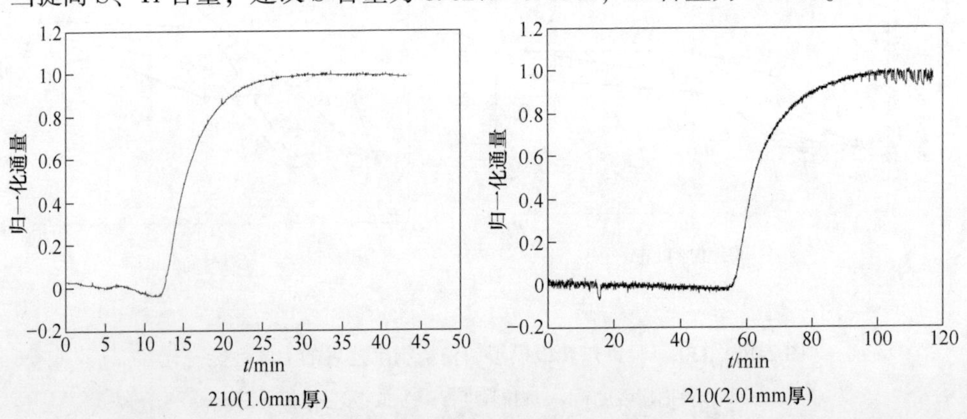

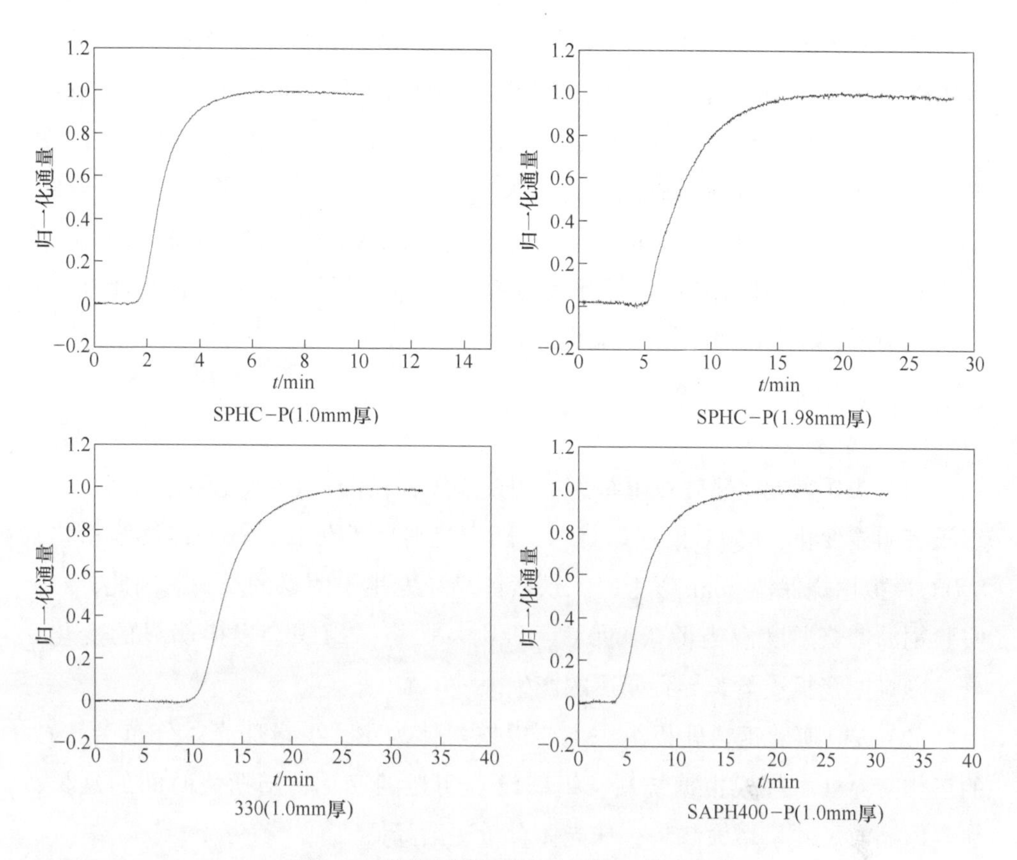

图 2-16 实验钢板室温条件下的 H 渗透曲线

表 2-3 实验钢板的 H 渗透时间

归一化通量为 0.096 时	t_b/min
210（1mm 厚）	13.1
210（2.01mm 厚）	57.6
SPHC-P（1.0mm 厚）	1.9
SPHC-P（1.98mm 厚）	5.8
330（1.0mm 厚）	11.0
SAPH400-P（1.0mm 厚）	4.6

提高搪瓷制品的抗鳞爆性除减少冶炼溶 H、改善酸洗和搪瓷烧制工艺外，主要还应提高搪瓷专用钢板本身的性能。为避免鳞爆的发生，要设法在钢中生成一些能够吸附 H 原子的界面，被称为“氢陷阱”。这些氢陷阱与 H 原子相互作用，必须能够阻碍 H 的扩散，或稳定吸附 H 原子并使其摆脱不了束

缚，从而避免 H 原子从钢板中逸出并在界面处富集。H 在钢中渗透行为的研究不仅仅局限于搪瓷钢这一狭小的领域，氢脆和氢致延时断裂问题是钢铁材料乃至大多数金属材料的共性问题。“氢陷阱”的存在可显著影响 H 扩散系数。钢中 Nb、V、Ti 等的碳氮化物作为大量弥散分布的第二相析出粒子，很早就被提出作为有效氢陷阱的来源。与此同时，钢中渗碳体、MnS 以及含 Ti 钢中的 TiN、TiS 和 $Ti_4C_2S_2$ 也可作为有效氢陷阱的来源。因此，添加了 Ti 的实验钢 H 渗透时间 t_b 得到了明显提高。

2.3 本章小结

（1）210 实验钢热轧板组织为单相铁素体，在低于 830℃模拟搪烧后，组织没有明显变化；850℃模拟搪烧时，随搪烧时间的延长，铁素体逐渐粗化；890℃模拟搪烧保温 5min 以上时，铁素体晶粒发生了明显的长大。因此，210 实验钢的搪烧温度应当低于 890℃，否则，搪烧后组织会发生明显的变化，严重影响搪瓷板质量，导致鳞爆的产生。

（2）330 实验钢热轧板组织主要以铁素体为主，少量珠光体分布于晶界的三相交界处。经模拟搪烧后，组织没有明显的变化，随搪烧时间的延长，铁素体晶粒尺寸呈增大趋势，珠光体含量逐渐降低。

（3）210 实验钢热轧板模拟搪烧后，钢板强度升高，塑性下降。随着搪烧温度的升高，保温时间延长，实验钢的强度逐渐下降，塑性提高。其中，850℃保温超过 10min 和 890℃保温超过 5min 模拟搪烧后的实验钢抗拉强度低于原板。

（4）330 实验钢热轧板模拟搪烧保温时间为较短的 2min 时，钢板强度升高，塑性下降；随着保温时间的延长，实验钢的强度逐渐下降，塑性提高。860℃保温超过 10min 和 890℃保温超过 5min 模拟搪烧后的实验钢屈服强度低于 330MPa，无法达到强度性能指标。因此，330 实验钢搪烧温度应低于 860℃，若需要在较高温度搪烧时，应缩短保温时间。同时，也可适当提高碳含量，调整工艺，提高原板的强度。

（5）实验钢板的 H 渗透时间 t_b 与钢板厚度的平方成正比。搪瓷专用钢板 210 和 330 的 H 渗透时间 t_b 明显大于对照试样的值，可达到抗鳞爆性能指标。实验钢中添加了 Ti 元素可明显延长 H 渗透时间 t_b，提高抗鳞爆性能。

3　低碳冷轧搪瓷钢组织性能研究

3.1　实验材料及方法

3.1.1　化学成分

成分设计包括含硼和不含硼两种，一般来说，合金元素 B 可以起到强化晶界的作用。低碳冷轧搪瓷钢拟采用 MnS 作为第二相粒子来达到贮氢的目的，从而提高搪瓷用钢的抗鳞爆性能。表 3-1 中 1 号 B、1 号为低碳冷轧搪瓷钢实际炼钢的成分，2 号钢为马钢现场试制的低碳冷轧搪瓷钢卷板。1 号 B、1 号钢锭采用实验室冶炼，铸锭重量约为 150kg。铸锭经切割后热锻成尺寸为 40mm×150mm×*L*（厚度×宽度×长度）的钢坯，用于模拟实际生产中的热轧过程。为防止热轧时锻坯较厚的氧化铁皮压入以及表面裂纹的影响，在热轧前，先对坯料表面进行预处理，用刨床去除锻造后坯料表面的氧化铁皮及表面裂纹。

表 3-1　低碳冷轧搪瓷钢的化学成分　　（质量分数，%）

牌号	C	Si	Mn	P	S	Al	B	Ti	N
1 号 B	0.04	0.03	0.21	0.009	0.018	0.04	0.0012	—	0.0046
1 号	0.0274	0.03	0.14	0.0056	0.017	0.06	—	—	0.0027
2 号	0.026	0.006	0.17	0.009	0.009	0.043	—	0.056	0.0026

3.1.2　实验方案

3.1.2.1　热轧工艺

实验钢铸锭经开坯后，随炉加热到 1200℃保温 2h，充分奥氏体化。热轧实验在 RAL 实验室 ϕ450mm 二辊可逆式轧机上进行。轧制压下规程为：40mm→28mm→19mm→12mm→7mm→5mm。控制开轧温度约为 1050℃，终轧温度约为 930℃。之后，将实验钢层流冷却至约 720℃，放入相应温度箱式电阻炉中保温 0.5h 后随炉冷却，模拟热轧板的卷取过程。

3.1.2.2 冷轧及退火工艺

冷轧和退火与钢板的最终性能关系极为密切。冷轧的目的不仅在于控制板厚、板形及平直度，冷轧压下率对退火后钢板的性能也产生极大的影响。通常随着冷轧压下率的提高，成品钢板的伸长率和 r 值提高。冷轧对退火后的搪瓷钢板深冲性能影响的主要因素就是冷轧总压下率。若没有冷轧变形，就不会有退火过程的再结晶，从而也就无法获得较强的 {111} 有利织构和高 r 值。因此，在适当的成分设计和合理的热轧工艺后，保证充分的冷轧压下率是获得高 r 值的重要条件。研究表明，r 值随着冷轧压下率增加而单调增加，直至压下率高达 90%。在实际生产中为了获得高的 r 值，普遍采用大于 75%的冷轧压下率，但由于设备的生产能力限制，压下率一般不超过 85%。鞍钢冷轧超低碳搪瓷钢的冷轧压下率为 65%～80%，宝钢含钛超低碳搪瓷钢的冷轧压下率为 70%左右。

因此，在实验室轧制过程中，以大的冷轧压下率为基本实验思路。在进行二辊可逆冷轧实验之前，采用 5%～10%的稀盐酸溶液对热轧板进行酸洗，溶液温度控制在 60～70℃之间。由于实验钢的特殊用途，在满足冷轧实验条件的基础上尽量的缩短酸洗时间，以免该过程对后续氢渗透实验的结果产生影响。冷轧总压下率为 80%左右，在冷轧过程中逐渐擦拭掉酸洗过程中未完全除去的氧化铁皮，可以有效地避免氧化铁皮的压入问题。

搪瓷钢热轧板经酸洗后，采用直拉式四辊可逆冷轧机冷轧至 1.1mm 厚，热轧板的终轧温度为 915℃，平均卷取温度为 717℃，热轧板厚为 5.5mm，冷轧压下率为 80%。

为了更好地确定罩式退火的工艺，利用管式电阻炉对罩式退火过程中显微组织演变过程进行了分析，罩式退火的温度点分别为 550℃、580℃、600℃、620℃、650℃、680℃、700℃和 730℃，保温时间均为 5～6h，冷却方式采用空冷。图 3-1 为罩式退火工艺示意图。

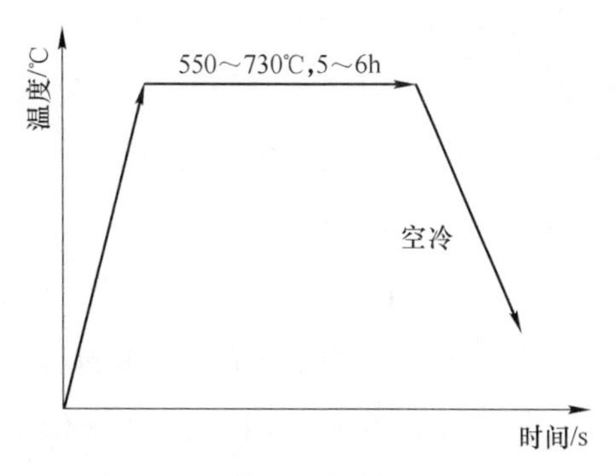

图 3-1 罩式退火工艺示意图

3.1.2.3 再结晶温度测定方法

将实验钢冷轧板切成约 8mm×12mm×h 的试样（长度方向为轧制方向）。退火实验用炉为实验室管式电阻炉。再结晶温度测定工艺方案如图 3-2 所示。所选取的温度点为：350℃、400℃、450℃、500℃、520℃、550℃、580℃、600℃、620℃、650℃、680℃、700℃、730℃。硬度法（HV）测定 350～730℃范围内保温 0.5h 后的软化曲线，并以此绘制出硬度-温度关系曲线。通常将加工硬化效果减半即平台差的 1/2 所对应的温度确定为再结晶温度。硬度测试仪器为 FM-700 显微硬度计（载荷：0.098～9.8N，加载时间：5～99s）。之后利用光学显微镜对试样的显微组织进行观察。

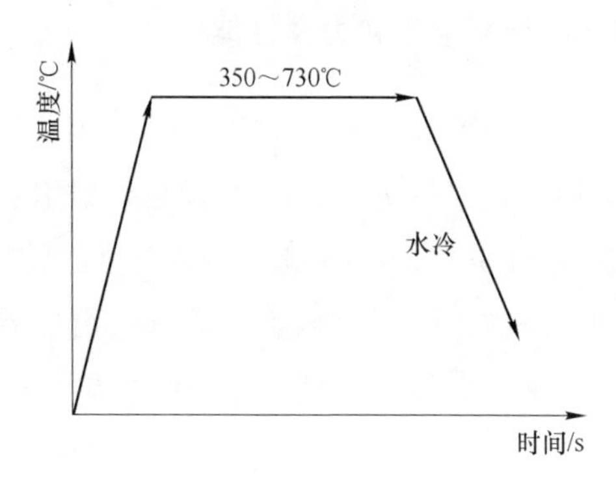

图 3-2 再结晶温度测定工艺

3.1.2.4 组织性能检测分析

实验钢板试样 RD(轧制方向)×ND（板面法向）面经粗磨—精磨—抛光

后，采用4%的硝酸酒精溶液腐蚀，用 LEICA-Q550IW 金相显微镜（OM）和 FEI-Quanta600 扫描电镜（SEM）对其显微组织进行观察。第二相析出粒子的精细观察使用 TecnaiG^2 F20 场发射透射电镜（TEM）。TEM 试样采用机械研磨至 60μm 配合电解双喷减薄的方法。

实验钢退火板分别沿轧制方向、与轧制方向成 45°方向和与轧制方向成 90°方向切取拉伸试样，试样为符合国家标准《金属材料—室温拉伸试验方法》(GB/T 228—2002)的矩形非比例拉伸试样，尺寸规格如图 3-3 所示。在 10t 拉伸实验机上以 5mm/min 的拉伸速度进行室温拉伸实验，获得退火板强度、断后伸长率、n 值和 r 值。

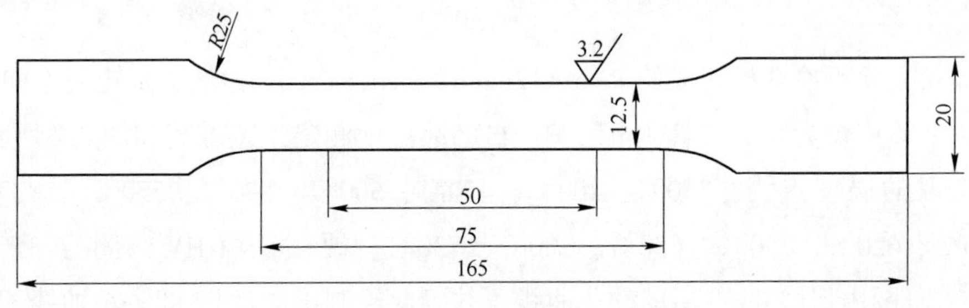

图 3-3 拉伸试样尺寸

3.2 实验结果及讨论

3.2.1 热轧实验钢板的显微组织和力学性能

图 3-4 为 1 号 B 及 1 号实验钢热轧板的金相（OM）照片。由图可知，两实验钢室温组织以多边形铁素体为主。图 3-4a 为 1 号 B 搪瓷钢，铁素体晶粒比较粗大，尺寸在 20~35μm 之间，微量 B 在奥氏体晶界处偏聚，降低了界面能。奥氏体晶界是相变时铁素体形核的主要位置，由于界面能降低，形核驱动力的下降，导致铁素体的形核率降低，使最终热轧板的铁素体晶粒粗大且形状不规则。图 3-4b 为 1 号搪瓷钢，在铁素体晶界上存在一定量的碳化物和珠光体，其平均晶粒截距为 15~20μm。

图 3-5 为 1 号 B、1 号实验钢的扫描电镜（SEM）照片，通过 SEM 照片可以更为清晰的观察实验钢的精细组织。1 号搪瓷钢铁素体晶界上分布一定量的条状碳化物和珠光体，珠光体总体上呈岛状分布于铁素体晶界，尤其是在

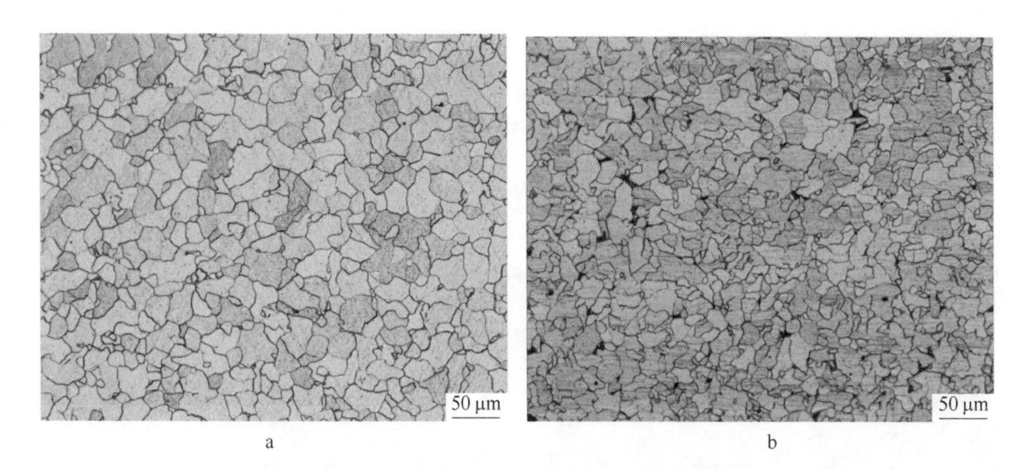

a b

图 3-4 1 号 B 及 1 号实验钢热轧板的金相组织

a—1 号 B；b—1 号

三晶界交叉处。在铁素体基体上弥散地分布着一些近圆形的析出物。

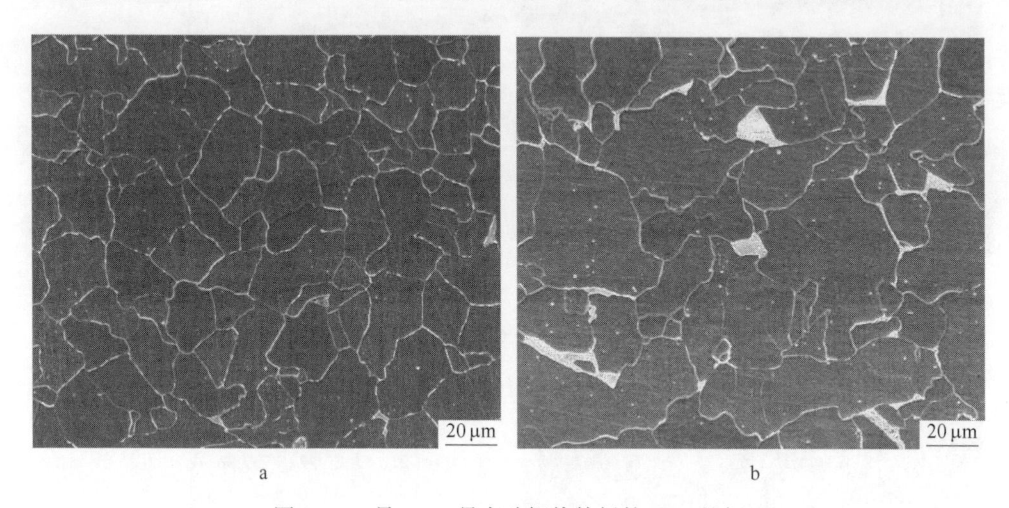

a b

图 3-5 1 号 B、1 号实验钢热轧板的 SEM 组织

a—1 号 B；b—1 号晶界上的珠光体和条状碳化物

利用扫描电镜对其精细组织进行了观察，如图 3-6 所示。在铁素体晶界上存在少量的珠光体，晶粒内有弥散分布的近似球状的析出物。通过 EDS 能谱分析可知，1 号 B 实验钢中的第二相粒子以 MnS 为主，形状为球状或近似球状，尺寸在几百纳米左右，如图 3-6 所示。通过 EDAX 能谱分析，晶界上的条状物为 Fe_3C，如图 3-7a 所示；晶粒内弥散分布的球状析出物为 MnS，如图 3-7b 所示。

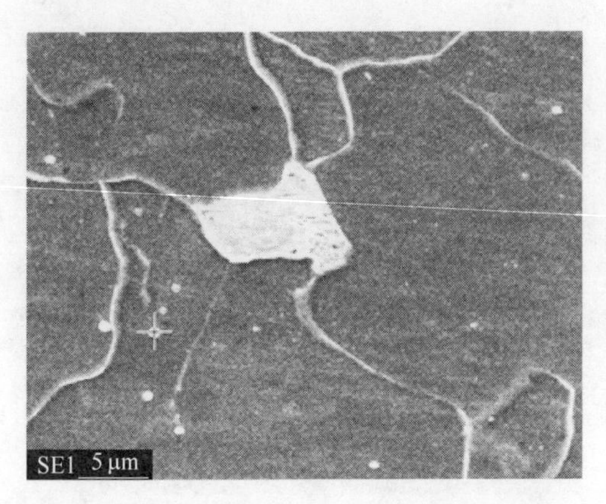

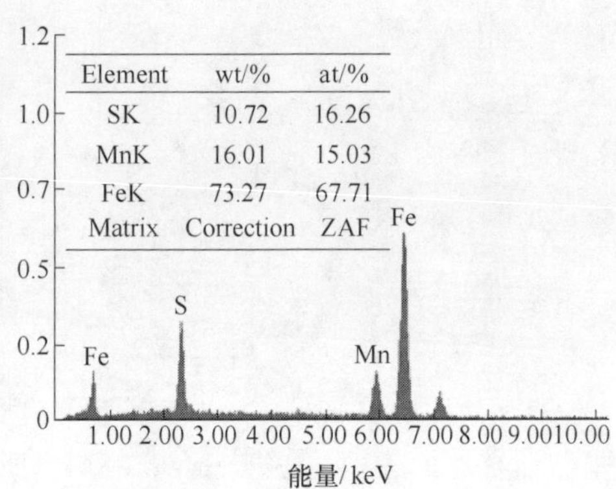

图 3-6 1 号 B 实验钢的能谱分析

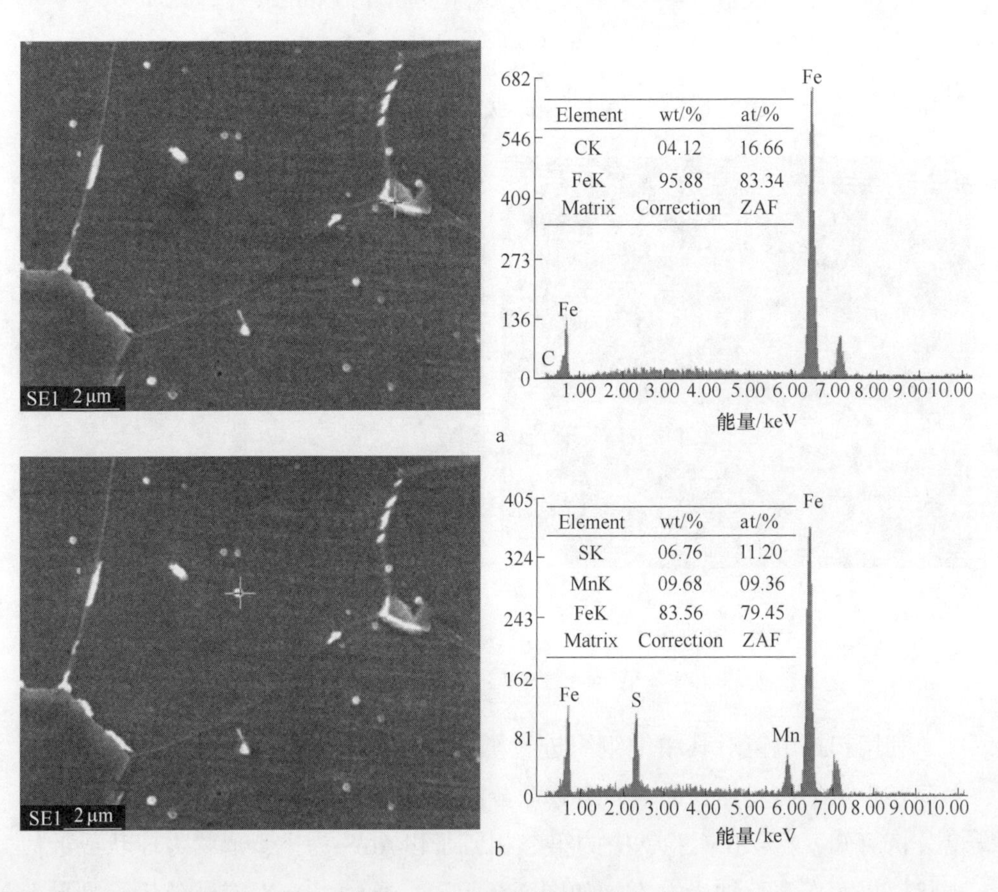

图 3-7 1 号实验钢的能谱分析

a—晶界上的条状 Fe_3C；b—晶粒内的球状 MnS

图 3-8 为 1 号实验钢的透射电镜照片，借助于 TEM 可以更为清晰地观察实验钢中的析出物并确定其成分。由于 1 号实验钢中未添加其他合金元素，

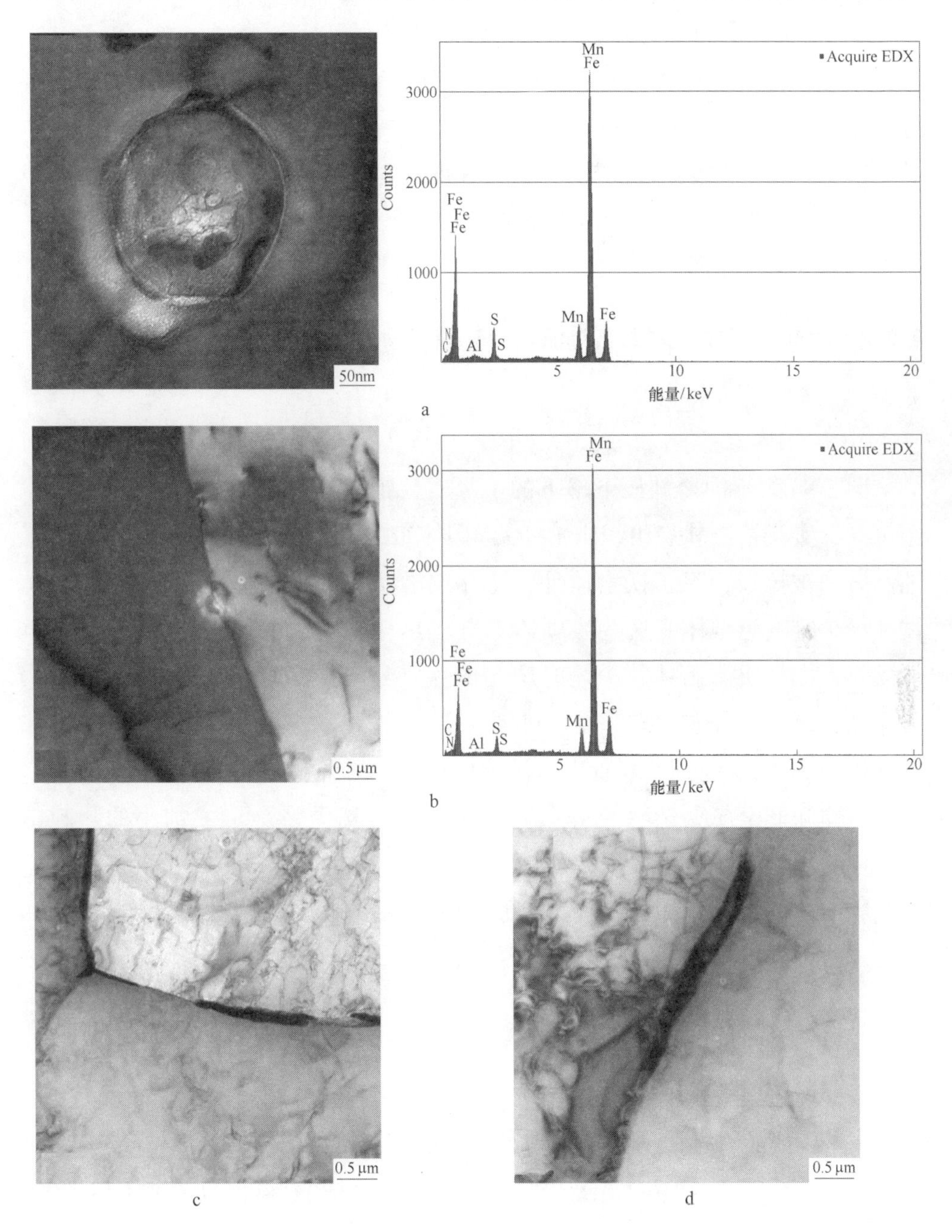

图 3-8　1 号实验钢的透射电镜组织

a—晶粒内的球状 MnS；b—晶界上的球状 MnS；c，d—晶界上的条状 Fe_3C

只是S的含量较高，因此第二相粒子成分为MnS，形状以圆形为主，尺寸在200~300nm之间，如图3-8a为晶粒内的球状MnS；图3-8b为晶界上的球状MnS；图3-8c和图3-8d为晶界上的条状Fe_3C。

热轧实验钢板的力学性能检测结果表明，对于1号实验钢来说，屈服强度约270MPa，抗拉强度约320MPa，断后伸长率在35%以上。对于1号B实验钢来说，屈服强度约280MPa，抗拉强度约340MPa，比1号实验钢强度稍高，主要原因是1号B实验钢中添加了微合金元素B，合金元素B在一定程度上起到了强化作用。

3.2.2 冷轧及罩式退火工艺对低碳冷轧搪瓷钢组织性能的影响

3.2.2.1 实验钢的冷轧组织

图3-9a为不同冷轧压下率下的1号实验钢轧制纵断面的金相组织。由图可知，实验钢冷轧态组织由F+P+渗碳体组成。可以看出，铁素体晶粒沿轧制方向被拉长，除了铁素体外，还存在沿拉长的铁素体晶界分布的珠光体和极少量的渗碳体，这些渗碳体来自于热轧组织中的珠光体和部分铁素体晶界上的三次渗碳体，冷轧时珠光体片层分离，渗碳体片被破碎并随基体流动而改变了分布形态。图3-9b为不同冷轧压下率下的1号实验钢轧制纵断面的SEM组织。可以看出，渗碳体破碎，采用大的冷轧压下率，粗大的渗碳体和非金属夹杂物充分破碎，在退火过程中将会形成细小的颗粒，与基体组织之间产生空穴，成为贮氢陷阱。图3-10为1号B实验钢冷轧板轧制纵断面的金相组织，与1号实验钢大致相同，珠光体数量相对1号实验钢较多。

3.2.2.2 罩式退火组织性能

低碳冷轧搪瓷钢1号B模拟罩式退火工艺后的金相组织，如图3-11所示。由于较低的含碳量，在不同温度退火获得的均为单相铁素体组织，且分布均匀，晶粒尺寸在10~50μm范围。经620℃和650℃模拟罩式退火后，组织没有明显的变化；经680℃模拟罩式退火后，铁素体晶粒逐渐粗化；经710℃模拟罩式退火，组织明显长大，尺寸约为50μm。

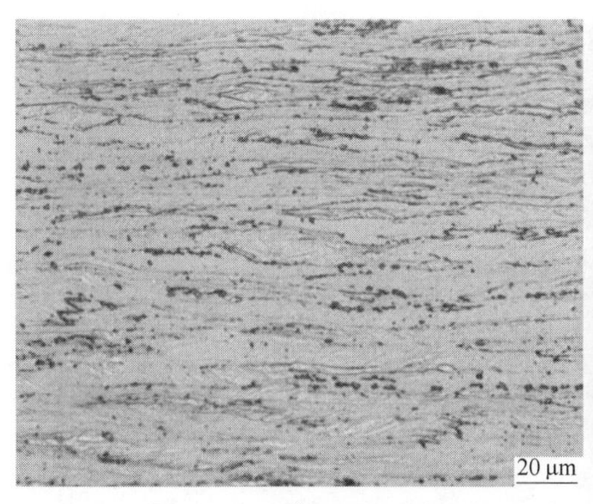

a

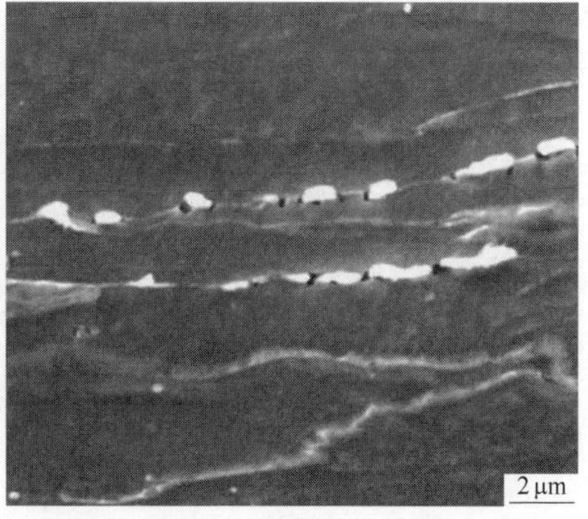

b

图 3-9 1号实验钢冷轧板的金相组织

a—光学显微组织；b—SEM 微观组织

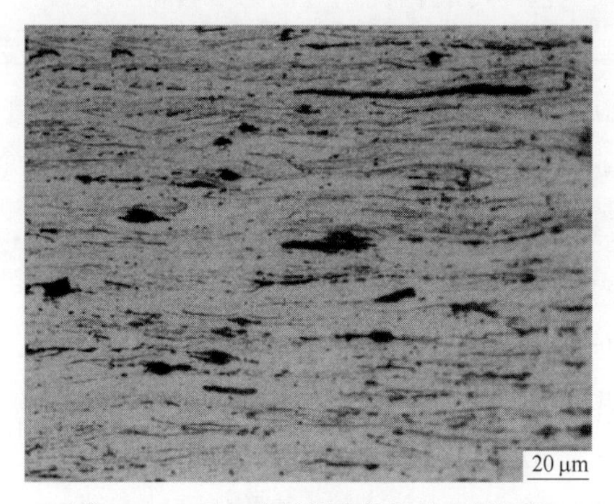

图 3-10 1号 B 实验钢冷轧板的金相组织

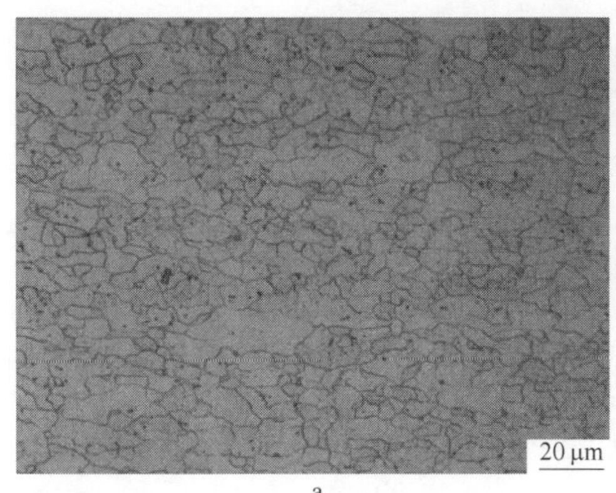

a

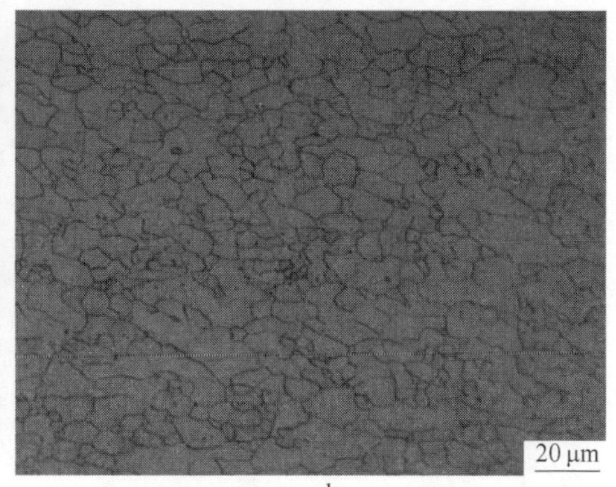

b

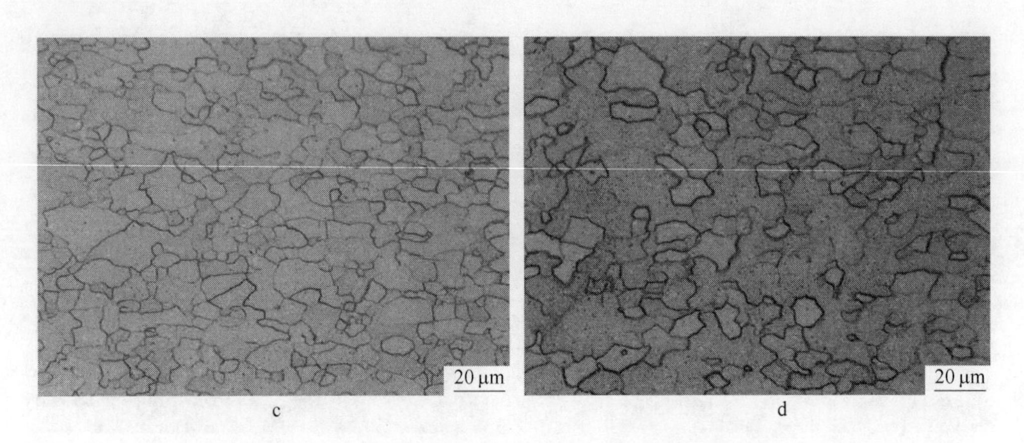

图 3-11　1 号 B 模拟罩式退火工艺后的金相组织

a—620℃；b—650℃；c—680℃；d—710℃

模拟罩式退火工艺的冷轧搪瓷钢板的力学性能变化如图 3-12 和图 3-13 所示。图 3-12 是实验钢模拟罩式退火的屈服强度及抗拉强度变化曲线。由图可知，实验钢在 620℃、650℃进行罩式退火后，其屈服强度分别为 452MPa、445MPa，抗拉强度分别为 491MPa、489MPa，未发生明显变化。在 680℃和 710℃退火后，实验钢的屈服强度和抗拉强度均明显的下降，屈服强度分别为 368MPa、325MPa，抗拉强度分别为 419MPa、389MPa。由图 3-13 可知，模拟罩式退火后的 n 值分别为 0.1、0.12、0.12、0.22，n 值在 710℃退火时发生大幅度增加，在其他温度未发生明显变化。模拟罩式退火后的断后伸长率分别为 9.6%、15.5%、14%、18.5%。

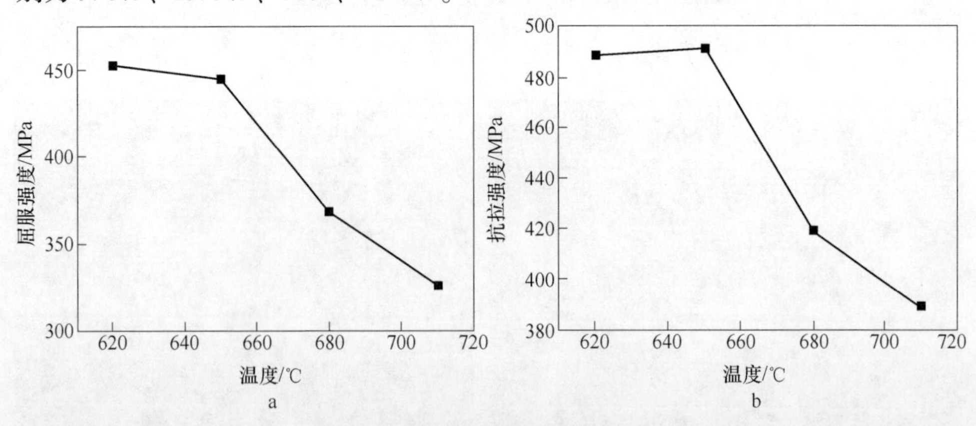

图 3-12　模拟罩式退火后的强度

a—屈服强度；b—抗拉强度

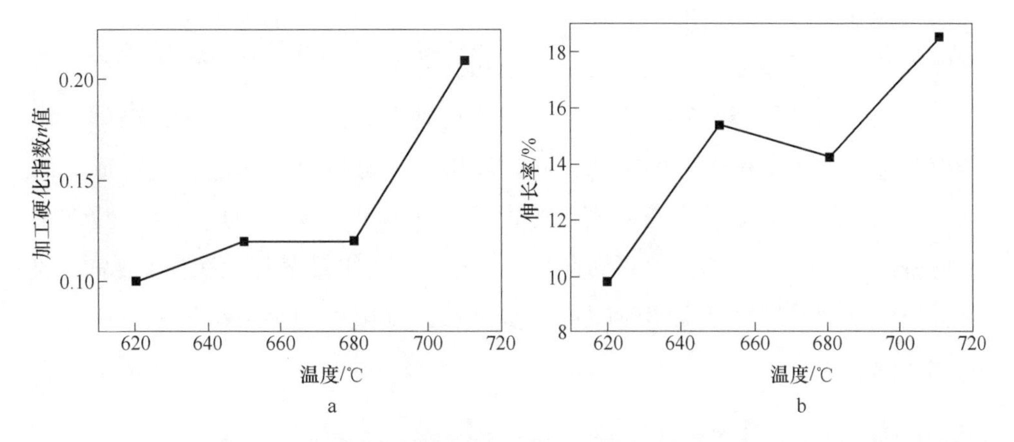

图 3-13 模拟罩式退火后的 n 值及伸长率

a—n 值；b—伸长率

在模拟罩式退火的温度大于 650℃时出现了强度下降的现象，这是由于在这个温度范围内随着温度的升高，晶粒和碳化物粗化，实验钢的强度逐渐下降，塑性提高。而实验钢在 620℃、650℃进行罩式退火时的强度依然较高，是因为在其组织中存在着较多的位错和夹杂，罩式退火没有完全消除这些加工硬化现象。

3.2.3 再结晶温度测定结果

3.2.3.1 基本理论

金属在塑性变形过程中，随变形量的增加，位错密度增加，并发生一系列交互运动，使位错运动受阻；同时晶粒也会出现破碎，变成细条状，晶界变得模糊不清，形成所谓的“纤维组织”。金属的变形程度越大，位错密度越高，位错运动的阻力越大，塑性变形抗力也越大，则其强度和硬度升高，而塑性韧性下降。

金属在低温下进行塑性变形，产生的冷变形强化是一种不稳定的组织状态，具有自发地回复到稳定状态的倾向，但在室温下不易实现。经重新加热，原子获得热能，运动加剧，其组织和性能会发生一系列的变化。随加热温度的升高，冷变形金属相继发生回复、再结晶和晶粒长大三个阶段的变化，如图 3-14 所示。

在回复阶段，冷变形金属加热温度较低，其原子活动能力不大，变形金属的组织没有显著变化。其强度、硬度保持不变，塑性、韧性略有升高；电阻和内应力明显下降，使冷变形强化现象得到部分消除。当温度升高到一定程度，金属原子获得更多的热能，开始以某些碎晶或杂质为核心，形成新的细小等轴晶粒，消除了冷变形强化的现象。即强度、硬度明显下降，塑性和韧性升高。这一过程即为“再结晶”，工艺称为“再结晶退火”。再结晶完成后，当温度继续升高，保温时间进一步延长，则金属的晶粒将长大，使力学性能下降。

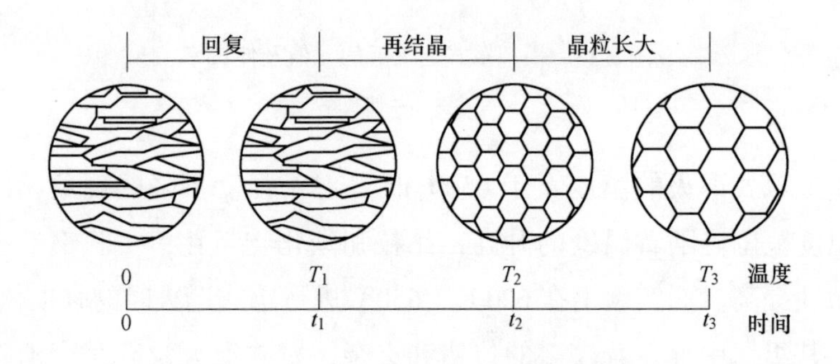

图 3-14 再结晶过程的不同阶段

3.2.3.2 再结晶温度

图 3-15 为实验钢再结晶软化曲线。根据曲线可知，1 号实验钢冷轧板的再结晶温度约为 585℃，再结晶温度范围为 550~620℃，550℃以下只发生回复过程，620℃保温 0.5h 后完全再结晶，620~730℃保温 0.5h，温度的变化对硬度值影响不大。1 号 B 实验钢冷轧板的再结晶温度约为 570℃，再结晶温度范围为 520~620℃，520℃以下只发生回复过程，620℃保温 0.5h 后完全再结晶，620~730℃保温 0.5h，温度的变化对硬度值影响不大。

1 号与 1 号 B 实验钢冷轧压下率均为 80%，且热轧工艺大致相同，所不同的是，1 号 B 实验钢在 1 号钢成分的基础上添加了 B 元素。1 号 B 实验钢的再结晶温度小于 1 号钢。因此，B 元素的加入会进一步降低实验钢的再结晶温度。

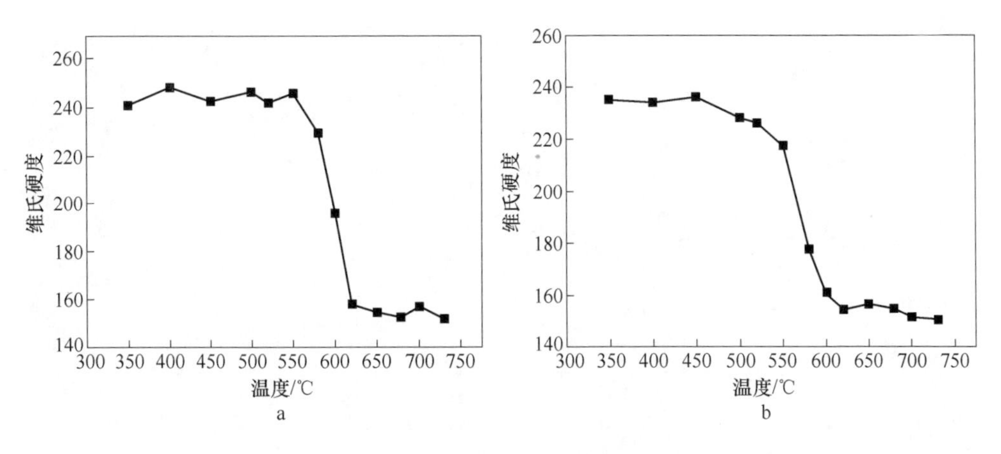

图 3-15 实验钢再结晶软化曲线

a—1 号；b—1 号 B

3.2.4 冷轧及罩式退火工艺对含 Ti 低碳冷轧搪瓷钢组织性能的影响

3.2.4.1 2 号钢罩式退火显微组织

图 3-16 为 2 号实验钢在不同罩式退火温度下的显微组织演变过程。与 1 号钢的组织演变规律类似。在退火温度低于 500℃时，组织内部的变化以回复为主；退火温度为 500~650℃为再结晶阶段，退火温度在 650~730℃区间时为晶粒长大阶段。当退火温度为 620℃时，仍然存在少量的残余变形带；当退火温度为 650℃时，组织中无纤维状组织，表明实验钢完成再结晶。

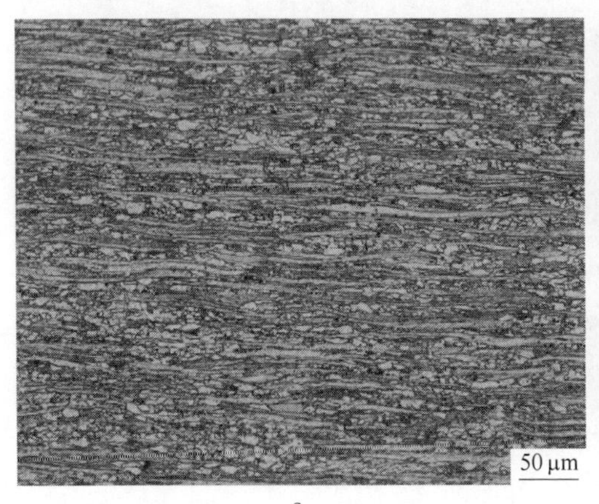

a

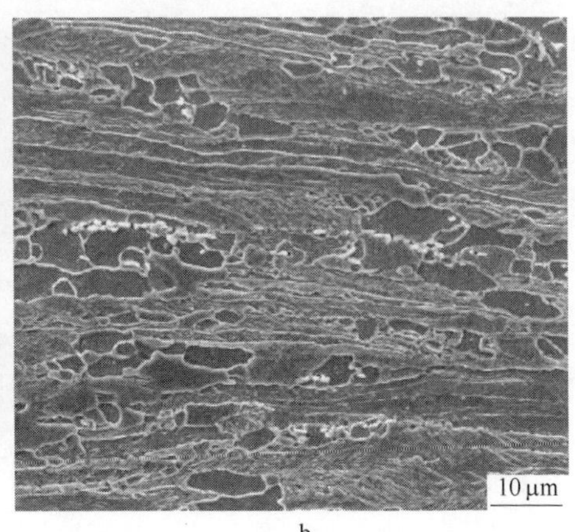

b

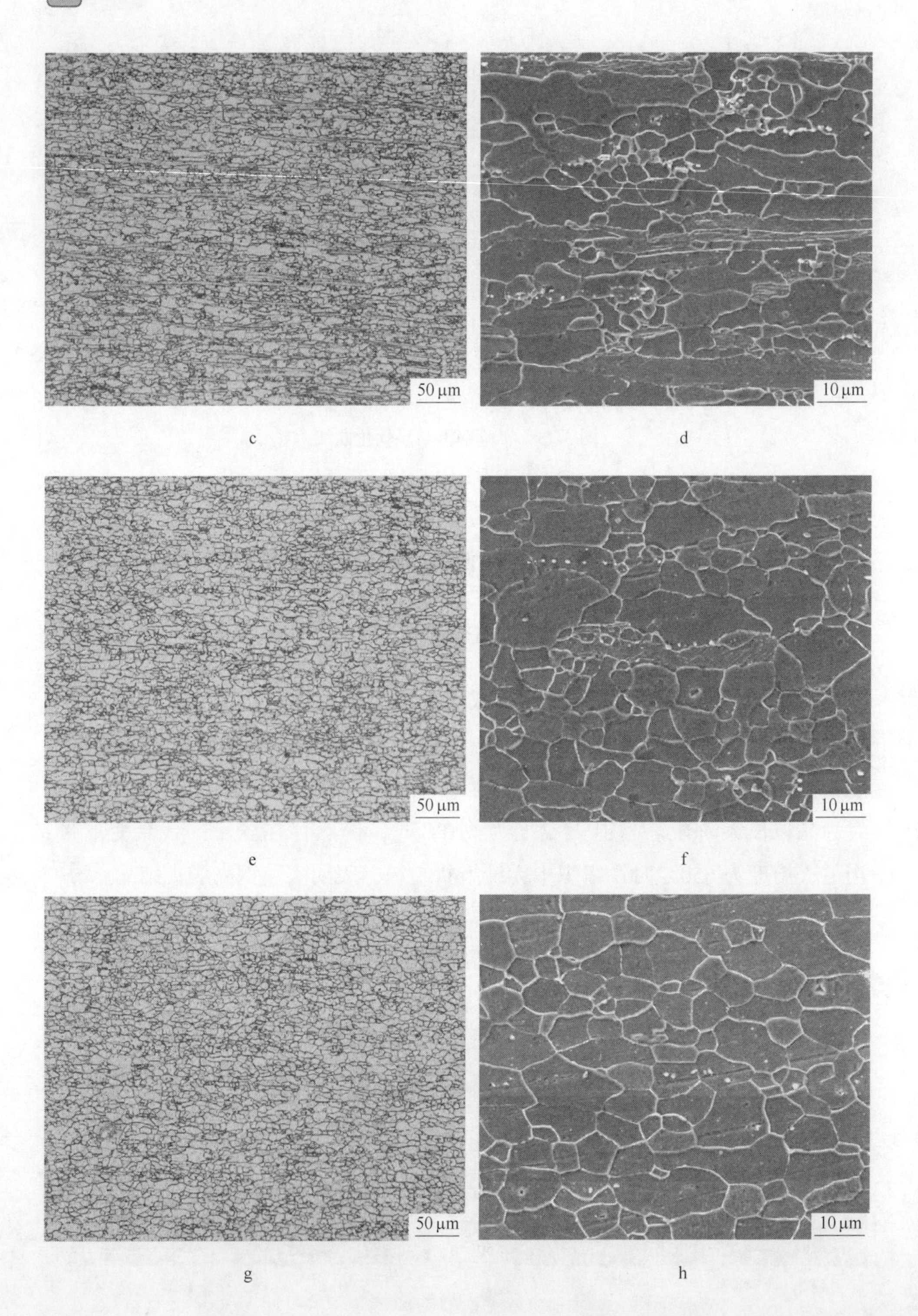

c d

e f

g h

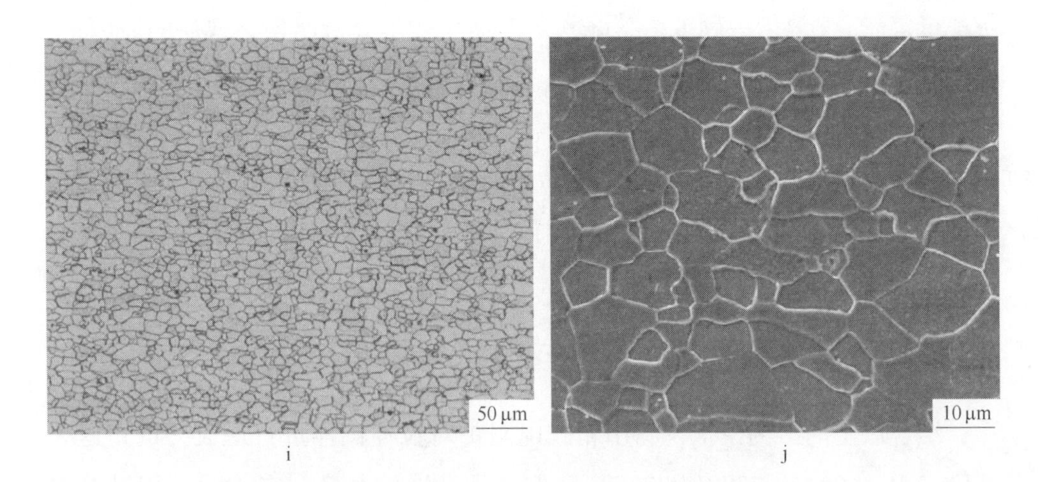

图 3-16 2 号实验钢不同退火温度后的显微组织

a，b—550℃；c，d—580℃；e，f—620℃；g，h—650℃；i，j—730℃

3.2.4.2 2 号钢罩式退火工艺过程中显微硬度的变化规律

利用维氏显微硬度计对上述不同退火温度的试样进行了硬度测试，得到如图 3-17 所示的显微硬度随退火温度的变化曲线。退火温度小于 500℃时，维氏硬度的变化不大，维氏硬度值在 275 左右；退火温度在 500~600℃区间内时，维氏硬度值变化剧烈，在 600℃时维氏硬度值为 170 左右；退火温度为 600~730℃时，维氏硬度值变化不明显。通过 OM 和 SEM 观察其显微组织可知，在退火温度为 620~650℃时完成再结晶，而从硬度变化曲线上来看，退

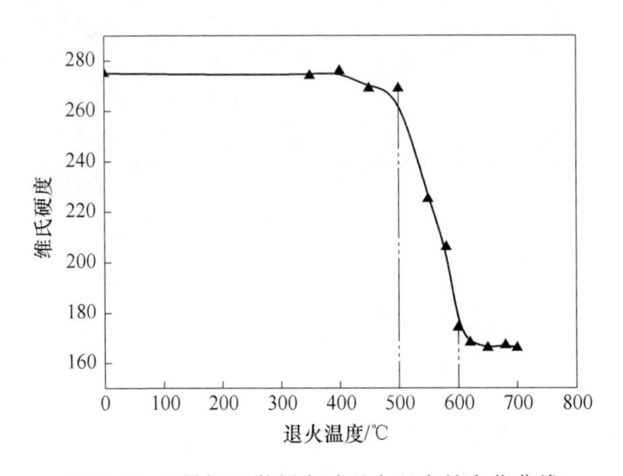

图 3-17 2 号钢显微硬度随退火温度的变化曲线

火温度高于600℃后，硬度值下降并不明显。初步分析产生该现象的原因是：(1) 退火温度在600~650℃区间时，实验钢中未进行再结晶的纤维状组织数量已非常少，对实验钢的硬度值影响相对较小；(2) 利用显微维氏硬度计测定实验钢的组织硬度时，在实验过程中不能保证测试点中都含有纤维状组织，因此可能产生了一定的实验偏差。因此，结合显微组织和微观硬度的变化规律，可知2号钢发生再结晶的温度区间为500~650℃。

3.2.4.3 2号钢罩式退火后力学性能

结合以上的工艺模拟，利用箱式电阻炉对拉伸试样进行退火，罩式退火温度点为：680℃、700℃和730℃，退火保温时间为5h。退火后利用微电子控制拉伸试验机进行力学性能测试，并在拉伸试样的夹头部分取样，采用金相显微镜和扫描电镜对其显微组织进行观察。表3-2为2号实验钢退火后的力学性能。

表3-2 2号实验钢退火后的力学性能

退火温度/℃	$R_{p0.2}$/MPa	R_m/MPa	A_{50}/%	n_m值	屈强比
680	335	380	25.0	0.20	0.88
	330	370	25.6	0.21	0.89
	300	355	27.0	0.21	0.85
700	340	360	25.0	0.21	0.94
	325	350	30.3	0.22	0.93
	310	335	25.4	0.22	0.90
730	170	320	37.0	0.25	0.53
	160	300	37.3	0.28	0.53
	155	290	38.7	0.29	0.53

随着退火温度的提高，实验钢的屈服强度和抗拉强度变化的整体趋势是逐渐降低的，屈服强度的变化较为明显，抗拉强度的变化不是非常明显，因此，实验钢的屈强比逐渐降低。另外，随着渗碳体的逐渐溶解，实验钢的伸长率也得到了提高。在退火温度为730℃时，屈服强度在200MPa以下，屈强比在0.5左右，伸长率均在37%左右，具有良好的力学性能。

图3-18为实验钢退火后的显微组织。图3-18a和图3-18b为700℃保温5h

的显微组织，图 3-18c 和图 3-18d 为 730℃保温 5h 的显微组织。由图可知，随着退火温度的升高，实验钢的平均晶粒尺寸也逐渐增大，均存在一定量的“饼形”状的铁素体。根据实验钢退火后的力学性能和显微组织来看，适宜于 2 号实验钢的罩式退火工艺为 710~730℃保温 5h，根据所需要的力学性能可以适当地调整工艺参数。

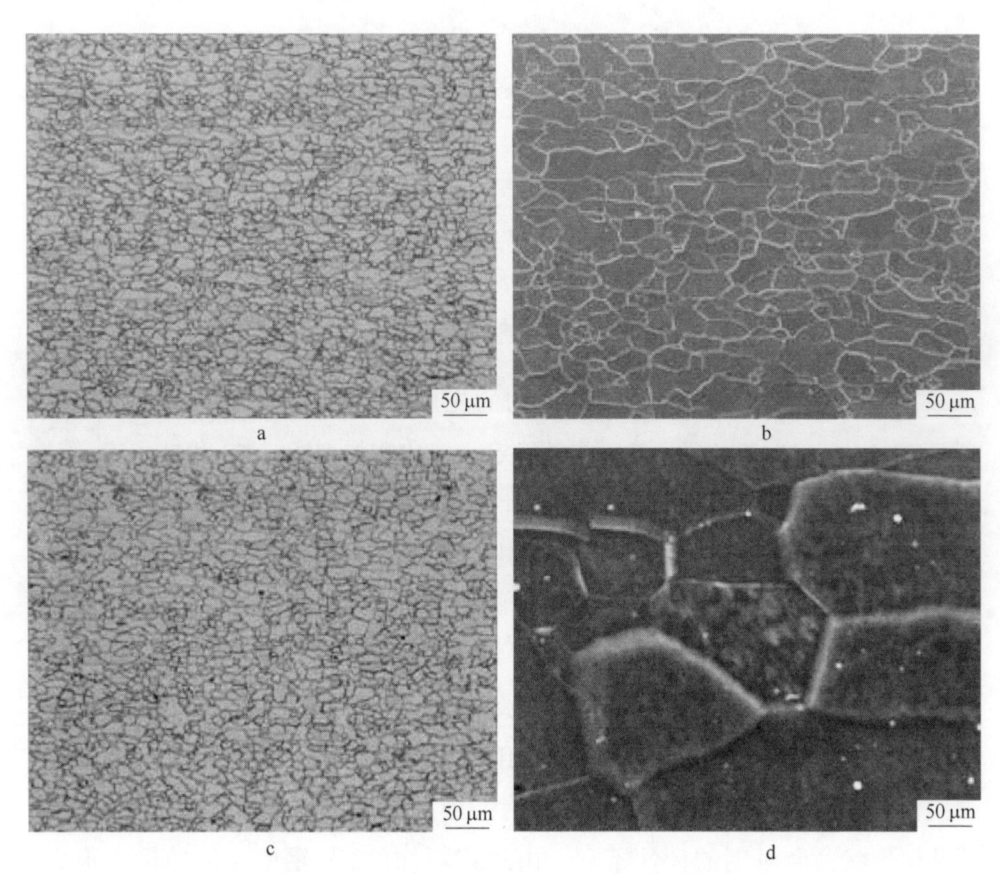

图 3-18　2 号实验钢退火后的显微组织

a，b—700℃保温 5h 的 OM 和 SEM 照片；c，d—730℃保温 5h 的 OM 和 SEM 照片

3.2.4.4　2 号搪瓷钢中第二相粒子

图 3-19 为实验钢 730℃保温 5h 退火后的第二相粒子 TEM 照片和能谱分析结果。从能谱分析结果可知，实验钢中的第二相粒子以 $Ti_4C_2S_2$ 为主，存在少量单独或与 $Ti_4C_2S_2$ 复合析出的 MnS，形状以圆形或椭圆形为主，该析出形

态对冲压性能的影响较小。

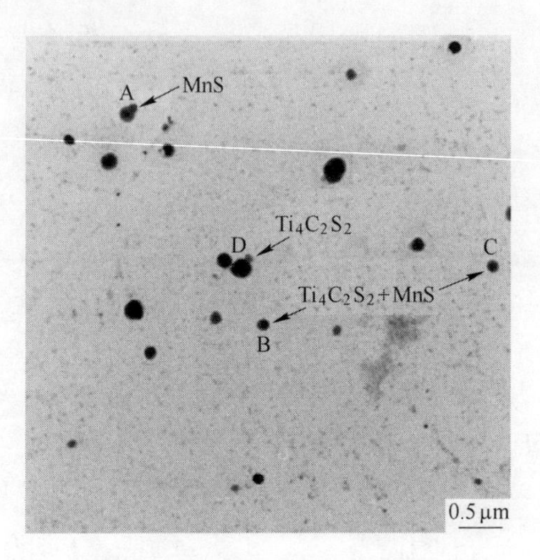

图 3-19 实验钢 730℃保温 5h 退火后的第二相粒子分布

在含 Ti 的低碳钢中，各种析出物的先后顺序为：TiN→TiS→$Ti_4C_2S_2$→TiC，在 950~1250℃之间，TiN 非常稳定，硫化物如 MnS、TiS 和 $Ti_4C_2S_2$ 等虽然总量保持不变，但每种硫化物的含量随温度的不同而变化。

TiN 在液相区就开始析出，经过奥氏体区后在后续过程中几乎无析出。当 Ti 和 N 的实际浓度积超过平衡浓度积时，TiN 开始析出。TiN 为面心立方结构，面心立方结构在｛100｝、｛111｝面上表面能最小，故 TiN 的形状多为方形或规则的多边形，尺寸在几百纳米左右，如图 3-20d 所示。TiN 很稳定，即使在焊接过程中也不完全溶解，能阻止焊接热影响区晶粒长大，从而改善焊接性能。然而，析出的 TiN 迅速长大，形成几微米的夹杂，由于其带尖角的几何形状，会对钢的韧性不利。由观察可知，2 号钢中 TiN 的析出很少，对实验钢的力学性能影响不大。

Ti 可与 S 结合形成 TiS 和 $Ti_4C_2S_2$，在铸坯凝固和再加热过程中（T>1200℃）中，Ti 与 S 先形成 TiS 析出物；随着温度的降低，TiS 在 900~1200℃向 $Ti_4C_2S_2$ 转变。研究结果表明，$Ti_4C_2S_2$ 不是独立的形核长大的，而是 TiS 在原位置上通过消耗奥氏体基体上的 Ti、S 直接相变而形成的，其反应方程式如下：

$$TiS + [Ti] + [C] \longrightarrow 1/2Ti_4C_2S_2 \tag{3-1}$$

TiS 和 $Ti_4C_2S_2$ 在奥氏体中的溶解度可分别用下式表示：

$$\lg[Ti][S] = \frac{-13975 + 5.43}{T} \tag{3-2}$$

$$\lg[Ti][C]^{0.5}[S]^{0.5} = \frac{-17045 + 7.9}{T} \tag{3-3}$$

$Ti_4C_2S_2$ 是钢中必不可少的固定碳的析出物，它与 TiS 完全不同，在退火板中对控制固溶碳含量起着重要的作用。且 $Ti_4C_2S_2$ 较硬，在轧制中不易变形。因而，Ti 的加入将改善材料的冷成型性能，减小材料纵横向性能的差异。如图 3-20c 所示，其形状为圆形和近圆形，大小在 150nm 左右。

Ti 与 S 的结合力高于 Mn 与 S 的结合力，Ti 的加入将夺去钢中的 S，减少 MnS 的析出。因此，如图 3-20a 和 b 所示，MnS 单独析出非常少，一般和 $Ti_4C_2S_2$ 复合析出。MnS 析出物是在钢凝固温度以下，由于 S 溶解度降低，［M］［S］反应平衡移动以及 S 在晶界处偏析富集，发生［M］［S］反应而生成的，随温度下降，析出量增加。

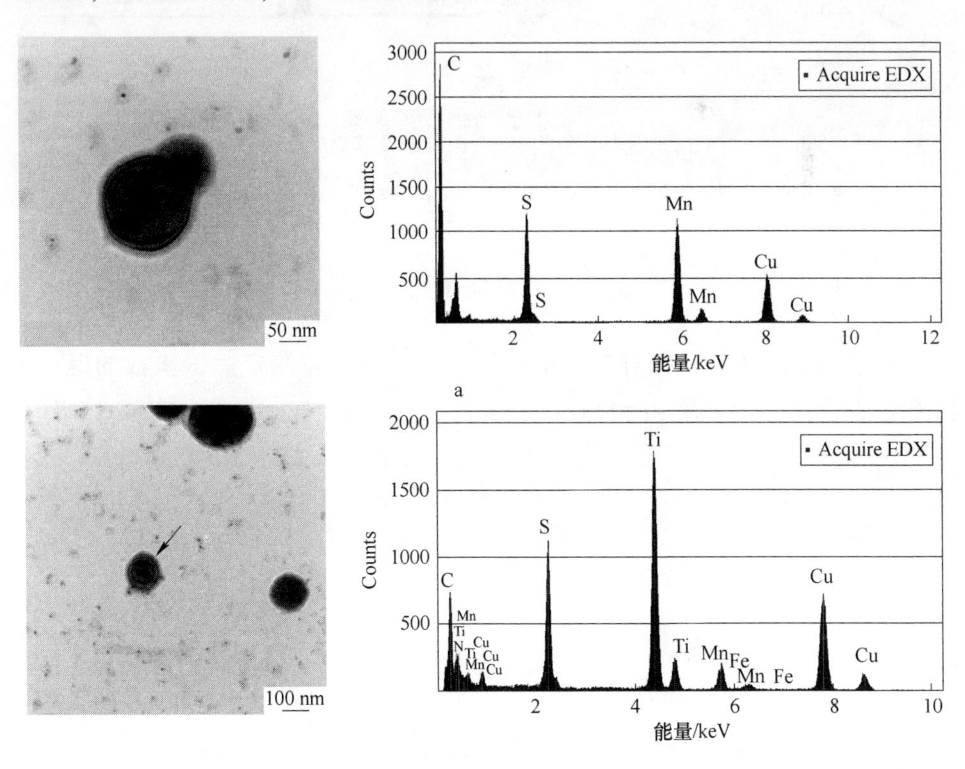

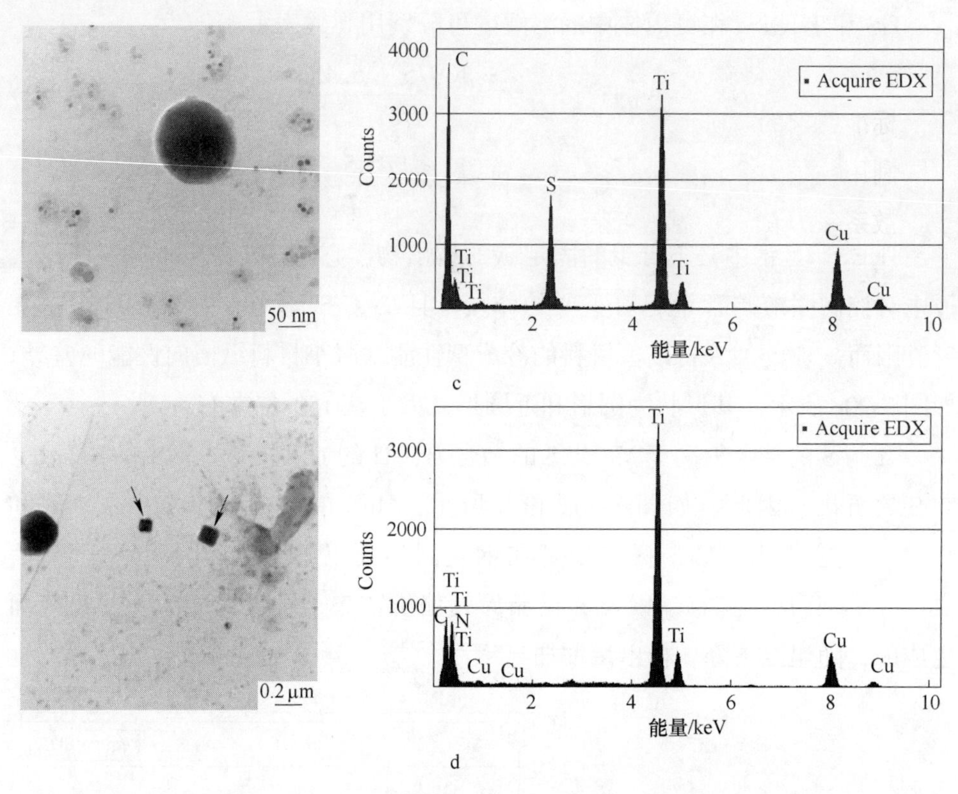

图 3-20 实验钢中典型析出形态及其对应的成分

a—MnS 单独析出；b—$Ti_4C_2S_2$ 和 MnS 复合析出；c—$Ti_4C_2S_2$ 析出；d—TiN 析出

3.2.4.5 不同退火温度对 2 号实验钢氢渗透时间的影响规律

利用氢渗透实验装置对 2 号钢的氢渗透时间进行测定。试验板的退火温度分别为 650℃、700℃和 730℃。图 3-21 为氢渗透时间随退火温度的变化规

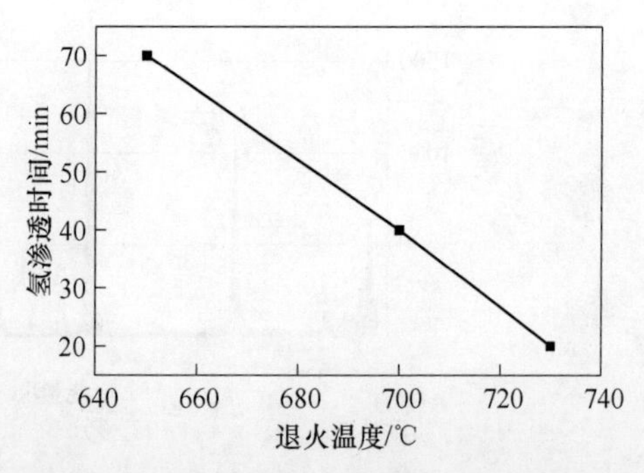

图 3-21 退火温度对氢渗透时间的影响

律。从图中可以看出，随着退火温度的升高，实验钢中氢渗透时间逐渐降低。在650℃时，氢渗透时间可以达到70min，在730℃时，氢渗透时间为20min。按照标准要求的（8min以上）有较大的富余量。

利用公式 $D=0.0505L^2/t_b$ 计算获得氢在钢板中的扩散系数 D，图3-22为氢扩散系数 D 随退火温度的影响规律。由试验结果可知，实验钢的氢扩散系数较小，氢渗透时间较长，表明钢板具有优良的贮氢性能。

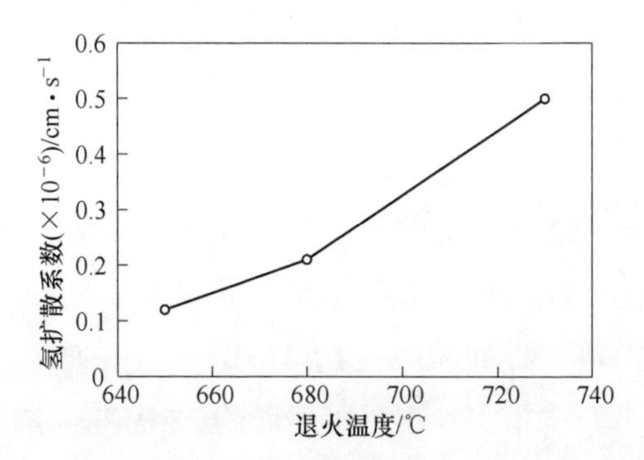

图3-22　氢在钢板中的扩散系数随退火温度的变化规律

从图3-21中可以看出，在退火温度由650℃升至730℃过程中，实验钢的氢渗透时间有明显的降低。由于第二相粒子和渗碳体是钢中的主要贮氢陷阱，因此利用TEM对两个温度下的析出物进行了细致的观察，如图3-23所示。

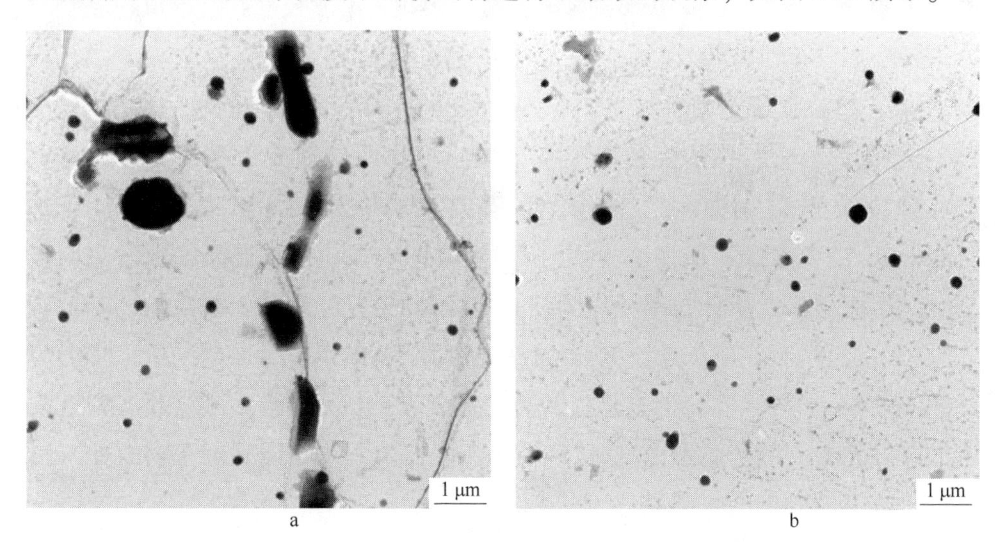

图3-23　不同退火温度实验钢中的析出物分布情况

a—650℃；b—730℃

在2号钢中添加了合金元素Ti，Ti会和钢中的S和C形成大量粗大弥散的第二相粒子$Ti_4C_2S_2$，提高钢板的贮氢性能，因此添加微量的合金元素Ti，可以有效地提高实验钢的氢渗透时间。

3.3 本章小结

本章以低碳且适当增加S、Mn含量为基础，设计了不添加B和添加微量B元素及只添加Ti元素的3种实验钢。通过实验室条件下的工艺模拟，研究了热轧及退火工艺对实验钢组织性能的影响。得到如下结论：

(1) 1号、1号B实验钢热轧板的室温组织均以多边形铁素体为主。含B搪瓷钢铁素体晶粒比较粗大，晶粒尺寸在20~35μm之间，不含B钢在铁素体晶界上存在一定量的碳化物和珠光体，平均晶粒尺寸为15~20μm。

(2) 1号实验钢热轧板屈服强度约270MPa，抗拉强度约320MPa，断后伸长率在35%以上。1号B实验钢屈服强度约280MPa，抗拉强度约340MPa，比1号实验钢强度稍高，主要原因是1号B实验钢中添加了微合金元素B，B在一定程度上起到了强化作用。

(3) 1号B实验钢在不同温度罩式退火获得的均为单相铁素体组织，且分布均匀，晶粒尺寸在10~50μm范围。当680℃模拟罩式退火后，铁素体晶粒逐渐粗化；经710℃模拟罩式退火，组织明显长大，尺寸约为50μm。

(4) 1号B实验钢在620℃、650℃退火后的屈服强度分别为452MPa、445MPa，抗拉强度分别为491MPa、489MPa，未发生明显变化。在680℃和710℃退火后，实验钢的强度明显下降，屈服强度分别为368MPa、325MPa，抗拉强度分别为419MPa、389MPa。模拟罩式退火后的n值分别为0.1、0.12、0.12、0.22，n值在710℃退火时大幅度增加，在其他温度未发生明显变化。退火后的断后伸长率分别为9.6%、15.5%、14%、18.5%。

(5) 1号实验钢冷轧板的再结晶温度约为585℃，再结晶温度范围为550~620℃；1号B实验钢冷轧板的再结晶温度约为570℃，再结晶温度范围为520~620℃。两实验钢冷轧压下率及热轧工艺大致相同，B元素的加入会进一步降低实验钢的再结晶温度。

(6) 2号搪瓷钢在退火温度为500~730℃之间时，实验钢经历回复、再结晶、晶粒长大过程最后完成再结晶。

（7）随着退火温度的提高，2 号实验钢的屈服强度和抗拉强度变化的整体趋势是逐渐降低的，屈服强度的变化较为明显，抗拉强度的变化不是非常明显，因此，实验钢的屈强比逐渐降低。适宜于 2 号实验钢的罩式退火工艺为 710~730℃保温 5h。

（8）在退火温度由 650℃升至 730℃过程中，2 号实验钢的氢渗透时间有着明显的降低。在 2 号钢中添加了合金元素 Ti，会和钢中的 S、C 形成大量粗大弥散的第二相粒子 $Ti_4C_2S_2$，提高钢板的贮氢性能。因此，添加微量合金元素 Ti，可以有效提高实验钢的氢渗透时间。

4 超低碳冷轧搪瓷钢退火工艺对组织性能的影响

对于形状日益复杂的搪瓷制品对基板超深冲成型的要求，冷轧搪瓷专用钢板的一种应对策略是采用超低碳的成分设计。低碳钢中的渗碳体和 MnS 等第二相粒子与铁素体基体的界面是有效的氢陷阱，因此可适当增加 S、Mn 等元素含量，这不但可以增加 MnS、TiS 等第二相粒子的数量，还可以细化铁素体组织，增加渗碳体的弥散程度，有效提高搪瓷钢的抗鳞爆性能。在实际涂搪中，热处理过程对冷轧搪瓷钢板的组织和性能也会产生一定的影响。涂搪后的搪瓷层和基体间的元素会发生相互扩散与集聚，形成搪瓷层与基体间的过渡层，增加密着性能。本课题通过对超低碳冷轧搪瓷钢组织和力学性能的检测分析，得到涂搪工艺对其组织性能的影响，并且通过对搪瓷层的面扫描和线扫描，来分析元素扩散的情况，并讨论其密着性。

4.1 实验材料及方法

4.1.1 成分设计

实验用材料是国内某钢厂现场生产的超低碳冷轧搪瓷钢 MCT1，是专为搪瓷制品设计的。实验钢通过较低的含碳量来达到使组织为铁素体的目的。MTC1 主要利用间隙固溶 C 和置换固溶 Mn 的强化作用调节钢板的强度。为保证搪瓷板的抗鳞爆性能，适当增加了 S 含量，并添加了较大含量的 Ti 元素，Ti 为微合金元素，Ti 是实验钢加入的主要合金元素，其作用是分别与钢中碳、氮和硫结合形成夹杂物和第二相粒子，以期获得钢的无间隙原子状态，提高实验钢的成型性能，并尽可能地降低实验钢的形变时效系数。在含有 Ti 的超低碳、超深冲钢中，碳含量升高，屈服强度升高，伸长率和 n 值降低，成型性能变差。虽然碳在加钛的钢中形成一定量的 TiC，有利于提高钢的贮氢能力，但钢板在涂搪过程中会产生针孔缺陷，影响瓷釉与钢板的密着性。

碳含量越高，针孔产生量越大。因此，在冲压用钢中，碳含量要尽量的降低。因而，实验钢采用相对较高的钛和超低的碳含量。此实验钢中 Ti 含量为 0.083%，化学成分见表 4-1。拟采用渗碳体、TiS、MnS、Ti(C，N）和 $Ti_4C_2S_2$ 作为第二相粒子来提供氢陷阱，固定束缚 H 原子，阻碍 H 在钢板中的自由扩散，防止搪瓷板鳞爆的产生。

表 4-1 实验用超低碳冷轧搪瓷钢的化学成分 （质量分数，%）

试样	C	Si	Mn	P	S	Als	Ti	N	O
MTC1	0.0015	0.01	0.14	0.01	0.033	0.017	0.083	0.0019	0.0058

4.1.2 退火工艺制定

冷轧板在 RAL-CAS-300 Ⅱ 连续退火模拟实验机上模拟连续退火。由于实验钢中的 C、N 元素含量较低，且加入了过量 Ti，间隙原子可以被有效固定，因此连续退火板没有时效性，退火后不需要进行过时效处理。连续退火工艺的保温温度分别采用 730℃、800℃、850℃ 和 870℃，保温时间为 60～120s，加热速率和冷却速率分别为 20℃/s 和 50℃/s。连续退火工艺示意图如图 4-1 所示。

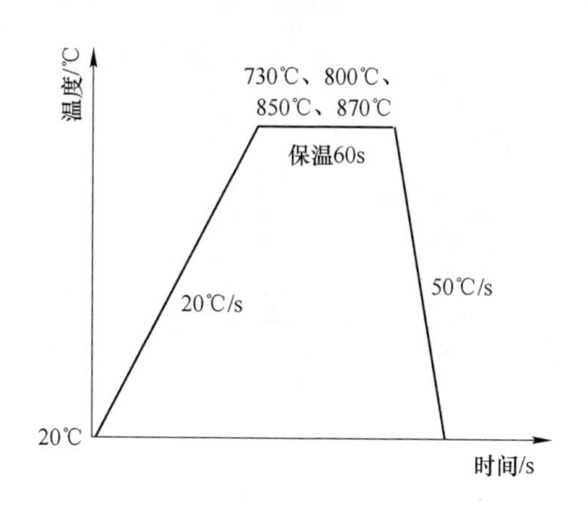

图 4-1 连续退火工艺示意图

为了更好地确定罩式退火的工艺，利用管式电阻炉对罩式退火过程中显微组织演变过程进行了分析，罩式退火采用随炉升温，并分别在 650℃、

700℃和730℃保温5h，然后将实验钢空冷至室温，如图4-2所示。

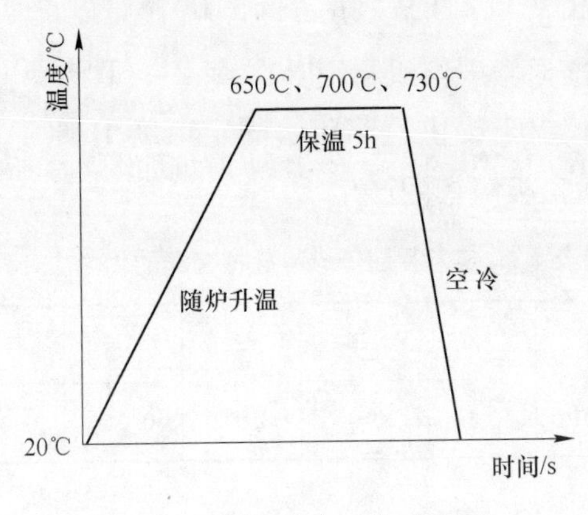

图4-2 罩式退火工艺示意图

4.1.3 电化学H渗透实验

实验方法同2.1.5节。

4.1.4 织构

EBSD试样的检测面如图4-3所示。将试样的待测面先用砂纸研磨后，使其表面平整，再进行电解抛光。抛光剂的体积比为乙醇：水：高氯酸=13：2：1，电压为25V，电流约为1A，电解抛光时间为15s左右。

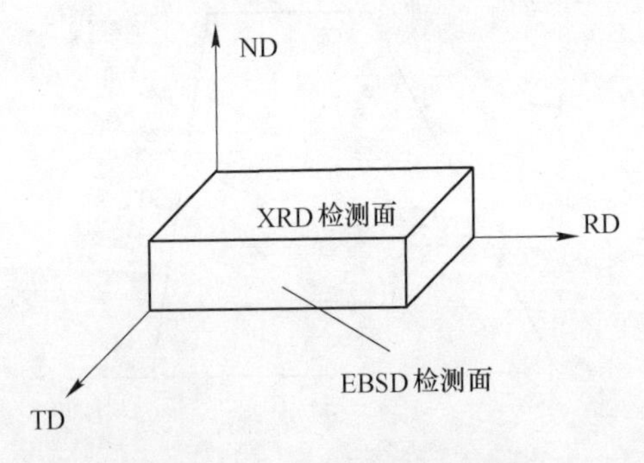

图4-3 EBSD检测面示意图

XRD试样的观察面为试样表面1/4处，其制备方法与普通金相样的制备相近，用砂纸打磨至所需测试厚度，保证检测表面平整及光洁。

4.2 连续退火实验结果与分析

4.2.1 不同温度的连退微观组织特征

MTC1 超低碳冷轧搪瓷钢的光学及 SEM 形貌如图 4-4 所示。由于 0.0015%

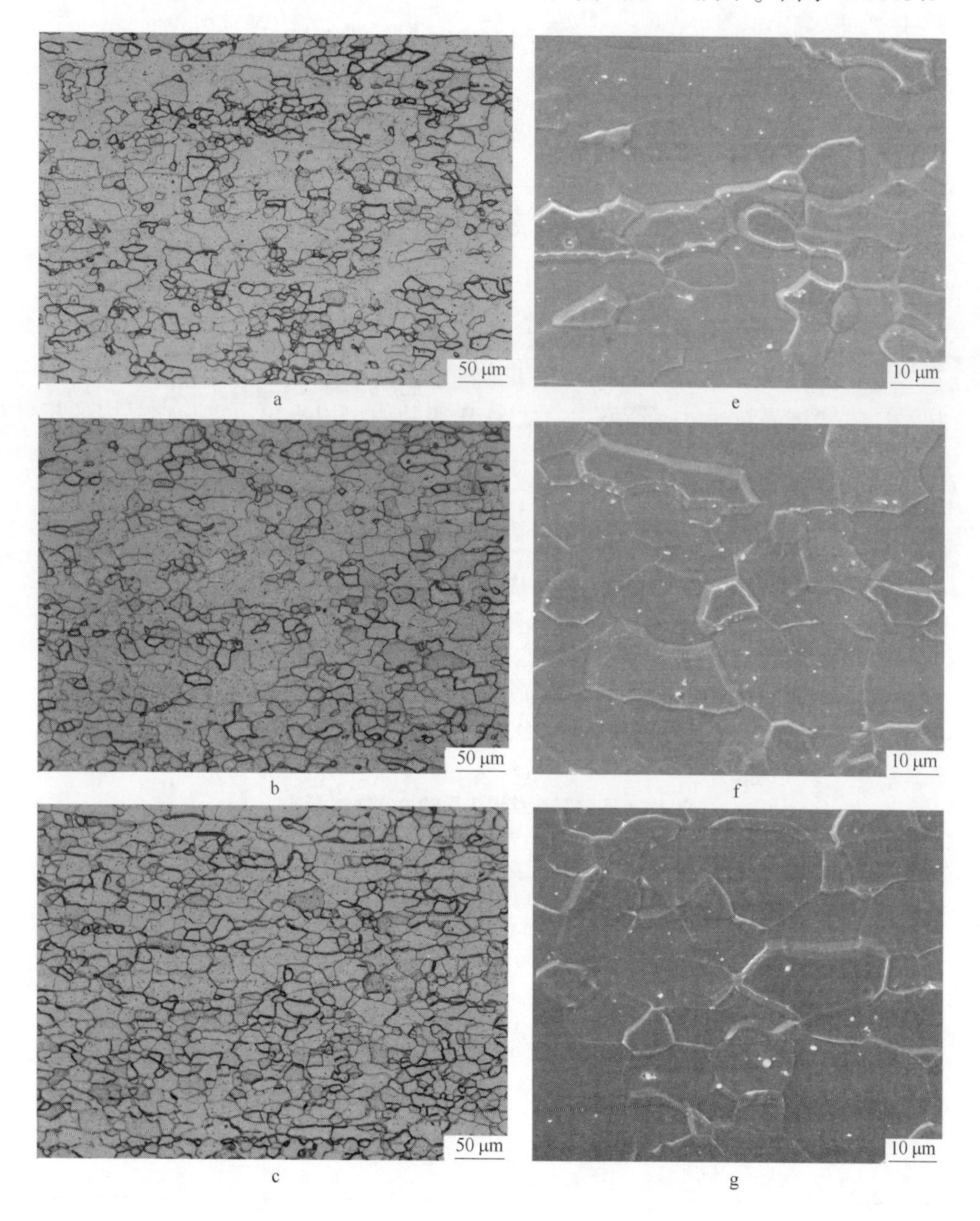

a e

b f

c g

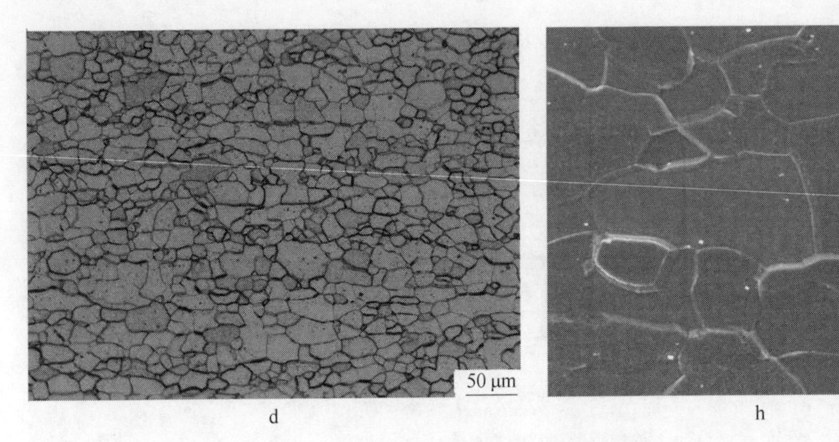

图 4-4 实验钢连退显微组织

a，e—730℃；b，f—800℃；c，g—850℃；d，h—870℃

的超低含 C 量，实验钢组织主要以铁素体为主，晶粒尺寸为 5～30μm，经过连退后，组织没有明显的变化，但可以从金相照片中看到，随着退火温度的提高，铁素体晶粒尺寸逐渐增大。从 SEM 照片中可以看出，实验钢晶内的析出物尺寸随着保温温度的升高而增大，同时，由于析出物的聚集长大而导致数量减少。

4.2.2 不同温度退火对力学性能及成型性能的影响

对退火后的实验钢进行力学性能测试，结果见表 4-2。可知实验钢的屈服强度、抗拉强度、断后伸长率、塑性应变比、加工硬化系数及各向异性系数均达到要求标准。

表 4-2 实验钢连续退火后的力学性能测试

保温温度		R_{eL}/MPa	R_m/MPa	A_{50}/%	n	r	Δr
730℃	h	137	315	44.6	0.27	1.78	
	z	136	325	45.0	0.27	1.74	
	x	139	325	44.4	0.27	1.49	
	平均	138	320	44.6	0.27	1.62	0.27
800℃	h	127	300	46.2	0.29	1.81	
	z	137	320	48.6	0.27	1.88	
	x	133	325	45.7	0.27	1.61	
	平均	133	320	46.6	0.28	1.73	0.24

续表 4-2

保温温度		R_{eL}/MPa	R_m/MPa	A_{50}/%	n	r	Δr
850℃	h	140	310	47.7	0.28	2.02	
	z	128	315	50.7	0.28	1.92	
	x	140	325	46.2	0.27	1.58	
	平均	136	320	47.7	0.28	1.77	0.39
870℃	h	169	295	44.5	0.30	1.90	
	z	154	310	49.6	0.28	1.91	
	x	164	310	44.2	0.29	1.66	
	平均	162	305	45.6	0.29	1.78	0.24

图 4-5 为连续退火不同保温温度下的屈服强度和抗拉强度。由图可见，当退火温度在 730~850℃之间时，实验钢的抗拉强度和屈服强度随退火温度的升高变化不大，而当退火温度升高到 870℃时，屈服强度骤然上升，抗拉强度急剧下降。

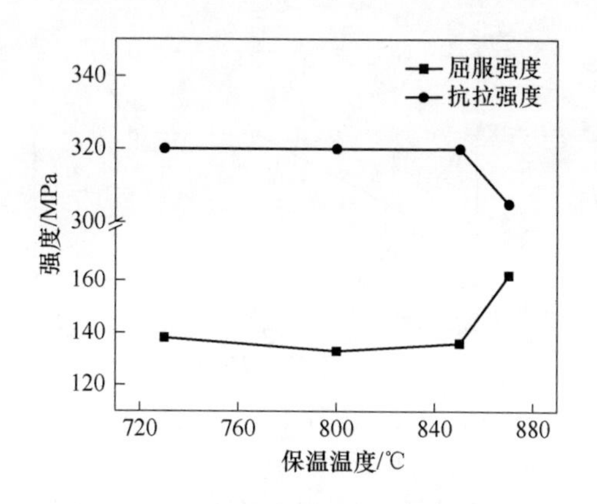

图 4-5 保温温度对强度的影响

图 4-6 为连续退火不同保温温度下的断后伸长率和 r 值。从图中可知，当退火温度在 730~850℃之间时，随退火温度的提升，实验钢的断后伸长率缓慢增大，当退火温度提升到 870℃时迅速下降。r 值随保温温度的提升保持增大的趋势，当退火温度在 730~850℃之间时，增大较快，而在退火温度从 850℃提升到 870℃时增大速率比较缓慢。

图 4-7 为连续退火不同保温温度下的 n 值。当退火温度在 730~800℃时，实验钢的 n 值随退火温度的升高迅速升高，当退火温度在 800~850℃之间时，

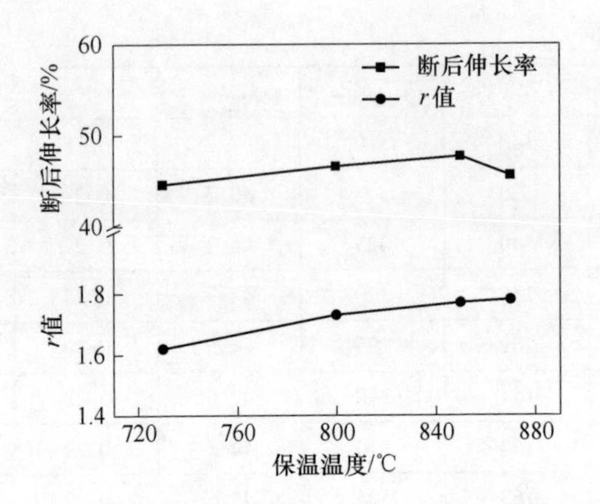

图 4-6　保温温度对断后伸长率、r 值的影响

n 值基本保持不变，当退火温度在 850~870℃之间时，n 值又随着温度的提升而迅速升高。

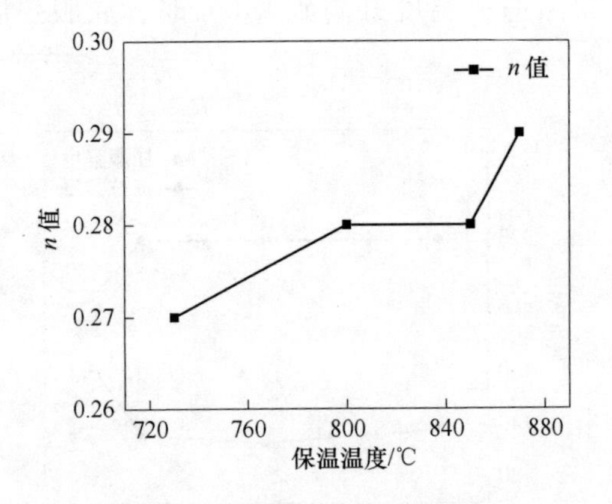

图 4-7　保温温度对 n 值的影响

同时考虑屈服强度、抗拉强度、断后伸长率、塑性应变比以及加工硬化系数，可以得出，在退火温度为 850℃时，实验钢具有较好的综合性能。

4.2.3　不同保温时间下连续退火显微组织

影响板材力学性能的因素很多，其中保温时间是重要的影响因素之一。因此，分析在 850℃下不同保温时间对实验钢的微观组织及力学性能的影响。设置保温温度为 850℃，保温时间分别为 60s、180s、300s 的连续退火工艺制度，其工艺示意图如图 4-8 所示。

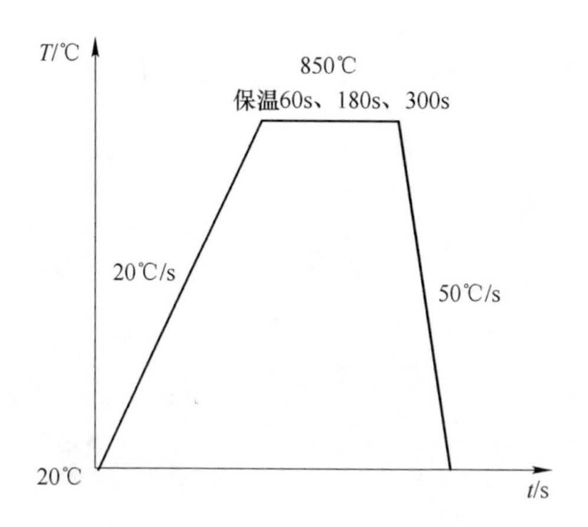

图 4-8 不同保温时间连续退火工艺路线

金相显微镜及扫描电镜下实验钢不同保温时间下退火后的形貌，如图 4-9 所示。由图中金相照片可以看出，保温时间从 60s 延长到 180s 时，晶粒尺寸

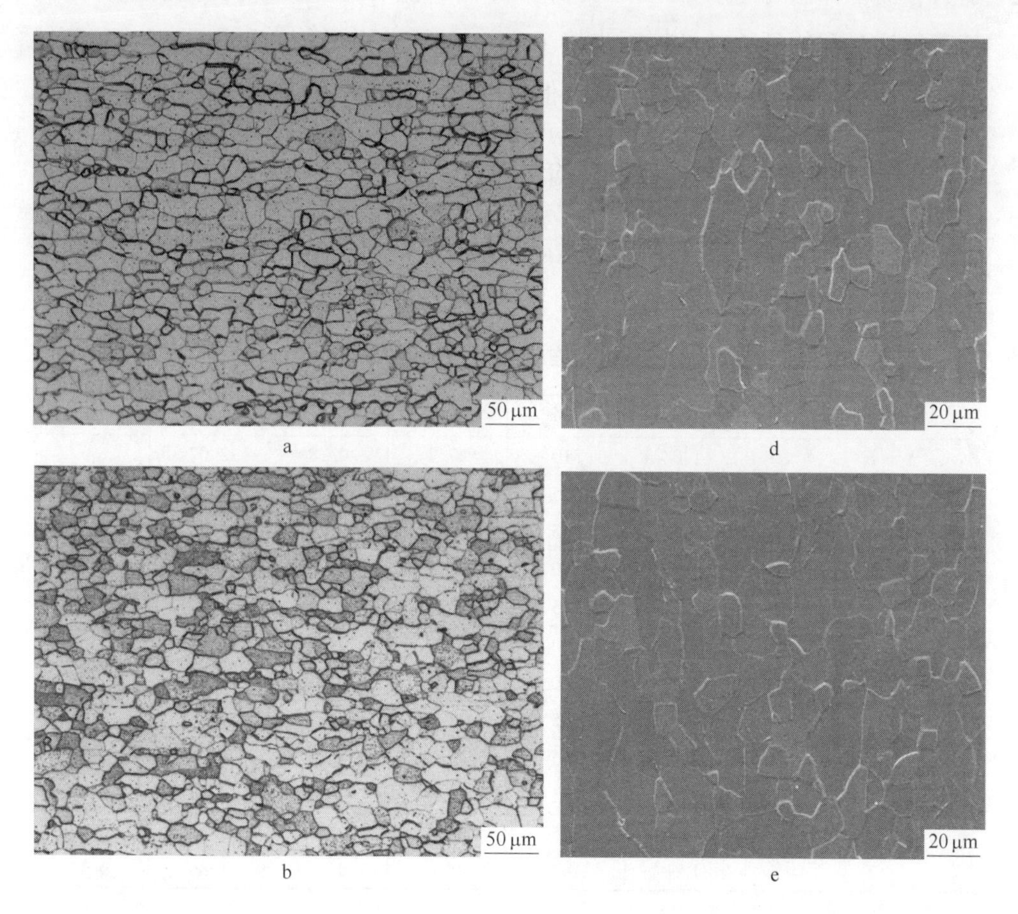

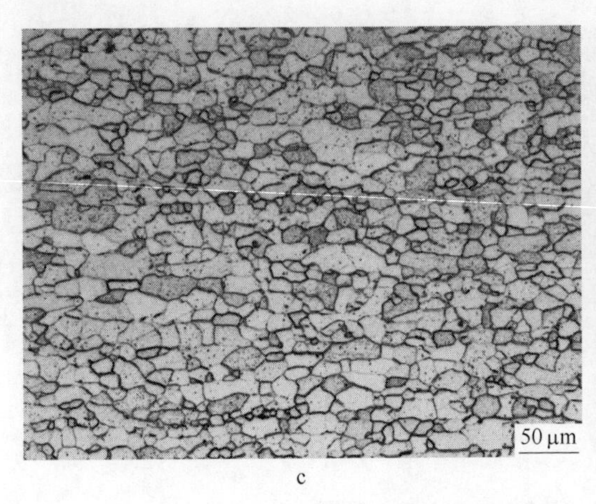

c

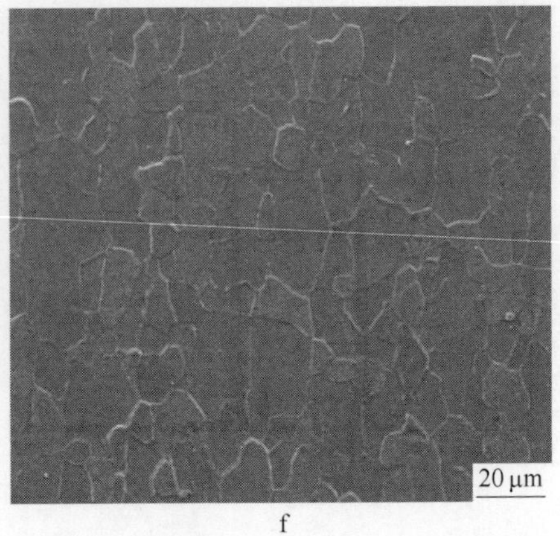

f

图 4-9 不同保温时间下，实验钢的连退显微组织

a，d—60s；b，e—180s；c，f—300s

增大；而在保温时间从 180s 延长到 300s 时，晶粒尺寸几乎没有变化。并且，随着保温时间的延长，晶粒逐步趋于均匀。从 SEM 形貌中可以看出，随着保温时间的延长，析出物数量减少，但尺寸增大。

4.2.4 不同保温时间对力学性能的影响

将保温温度设置为 850℃，保温时间分别为 60s、180s 和 300s 进行连续退火实验。对退火后的实验钢进行力学性能测试，测试结果见表 4-3。

表 4-3 实验钢连续退火后的力学性能测试

保温时间		R_{eL}/MPa	R_m/MPa	A_{50}/%	n	r	Δr
60s	h	140	310	47.7	0.28	2.02	
	z	128	315	50.7	0.28	1.92	
	x	140	325	46.2	0.27	1.58	
	平均	136	320	47.7	0.28	1.77	0.39
180s	h	122	285	46.4	0.26	2.14	
	z	115	290	51.0	0.27	1.98	
	x	130	300	42.3	0.25	1.62	
	平均	124	295	45.5	0.26	1.84	0.44
300s	h	116	285	45.0	0.26	2.20	
	z	116	285	50.0	0.27	1.94	
	x	136	305	42.5	0.25	1.65	
	平均	126	295	45.0	0.26	1.86	0.42

从表中可以看出，在各保温时间下实验钢的屈服强度、抗拉强度、伸长率、塑性应变比、加工硬化系数以及各向异性系数均达到超低碳搪瓷钢要求的标准。

对于连续退火来说，保温时间也是诸多影响因素中尤为关键的因素之一。下面以图表形式更为直观地描述保温时间对力学性能的影响。

图 4-10a 为连续退火不同保温时间下的屈服强度和抗拉强度。从图 4-10a 可知，在保温温度为 850℃，保温时间为 60s 时，抗拉强度和屈服强度都比长时间保温时要高，且当保温时间超过 180s，随着保温时间的继续延长，抗拉强度与屈服强度均无明显变化。从图 4-10b 可知，随着保温时间的延长，断后伸长率略有下降，而 r 值略有上升。

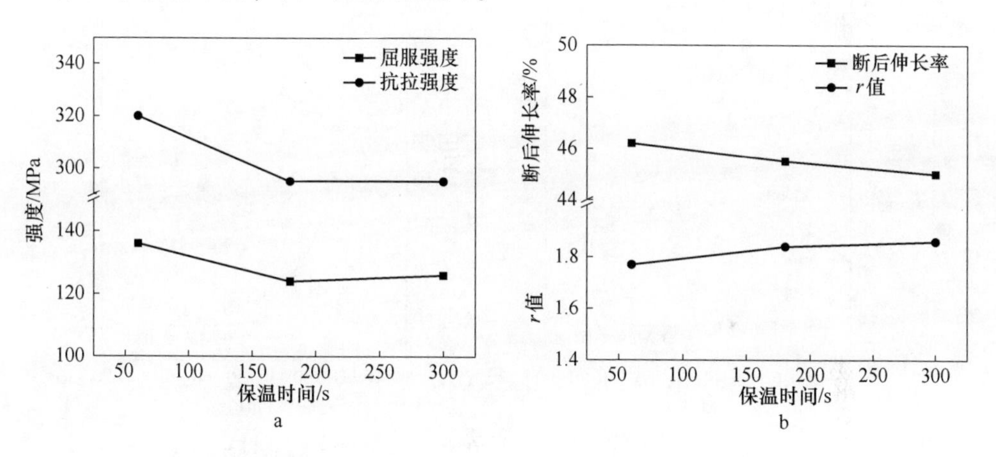

图 4-10 保温时间对强度、断后伸长率及 r 值的影响

a—对强度的影响；b—伸长率及 r 值

图 4-11 为连续退火保温温度 850℃时，不同保温时间下 n 值的变化规律。

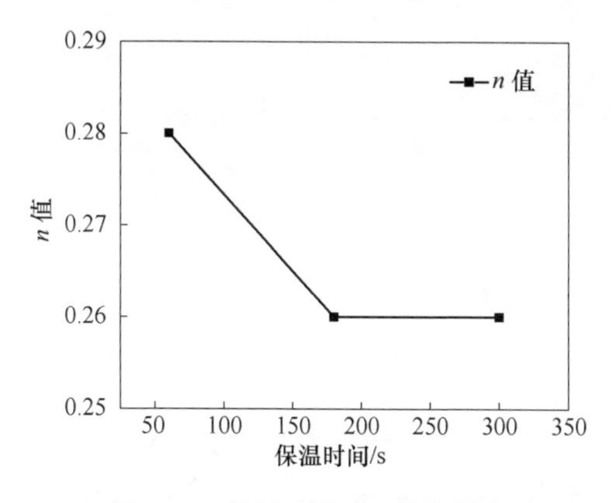

图 4-11 保温时间对 n 值的影响

从图中可知，在保温时间为 60s 时，实验钢的 n 值相对比较高，而当保温时间延长至 180s 时，n 值急剧下降，而此后再延长保温时间 n 值基本保持不变。

4.2.5 退火温度对织构的影响

4.2.5.1 宏观织构

图 4-12 为不同保温温度下退火后实验钢板的宏观织构分析，由 $\varphi=45°$ 的

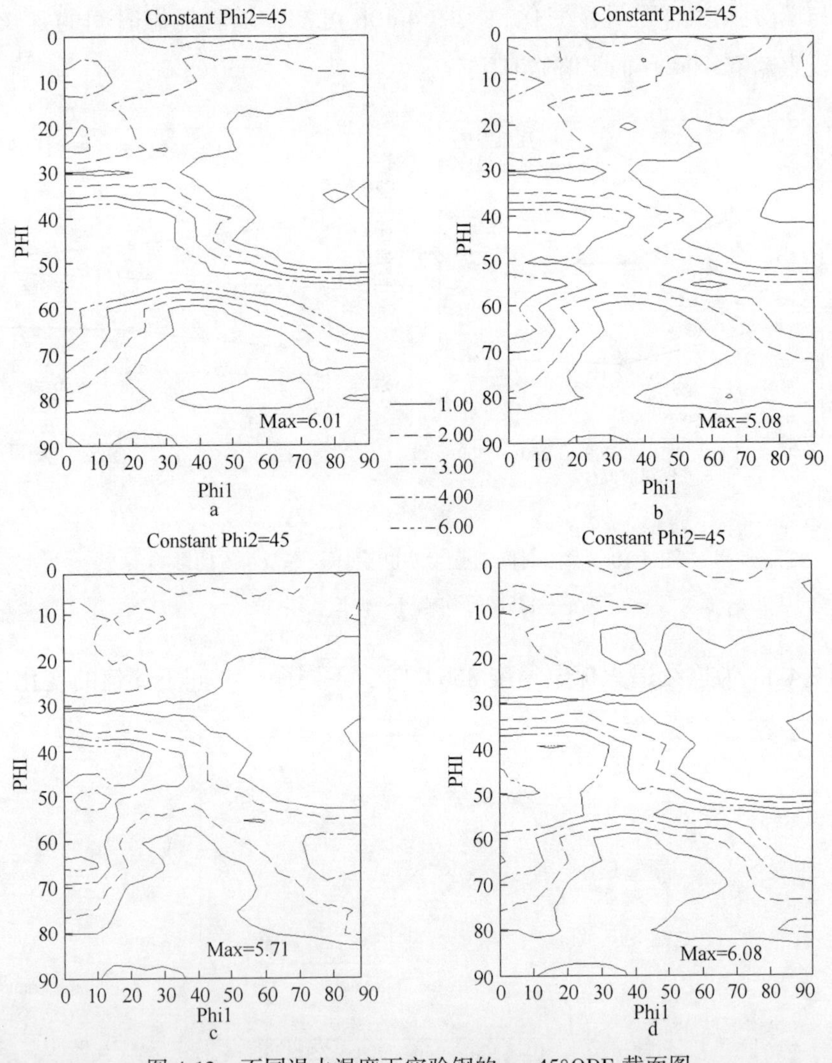

图 4-12 不同退火温度下实验钢的 $\varphi=45°$ ODF 截面图

a—730℃；b—800℃；c—850℃；d—870℃

ODF 截面图来表示。随着退火温度的改变，α 和 γ 纤维织构均发生变化，但是，整体的趋势还是基本一致的，即 α 纤维织构始终很弱，而 γ 纤维织构很强。说明退火后的织构以 γ 纤维织构为主。

图 4-13 为 α 和 γ 取向线上各织构组分的变化图。从图中可以看出，经过相同热轧工艺和相同的冷轧压下量的实验钢在不同温度下退火 α 和 γ 取向线上各织构组分密度趋势一致。从图 4-13a 中可以观察到，在不同的退火温度下 α 织构密度分布取向图中都有两个峰值出现，并且这两个密度的峰值出现于相同的织构组分，它们分别是{223}<110>和{332}<110>织构组分，其中{223}<110>织构组分的取向密度最高。然而，从 α 纤维织构密度分布曲线总体来说，在经退火之后实验钢中 α 纤维织构各取向组分的密度均很低(<2.8)，其中{110}<110>组分的取向密度最低（<1）。

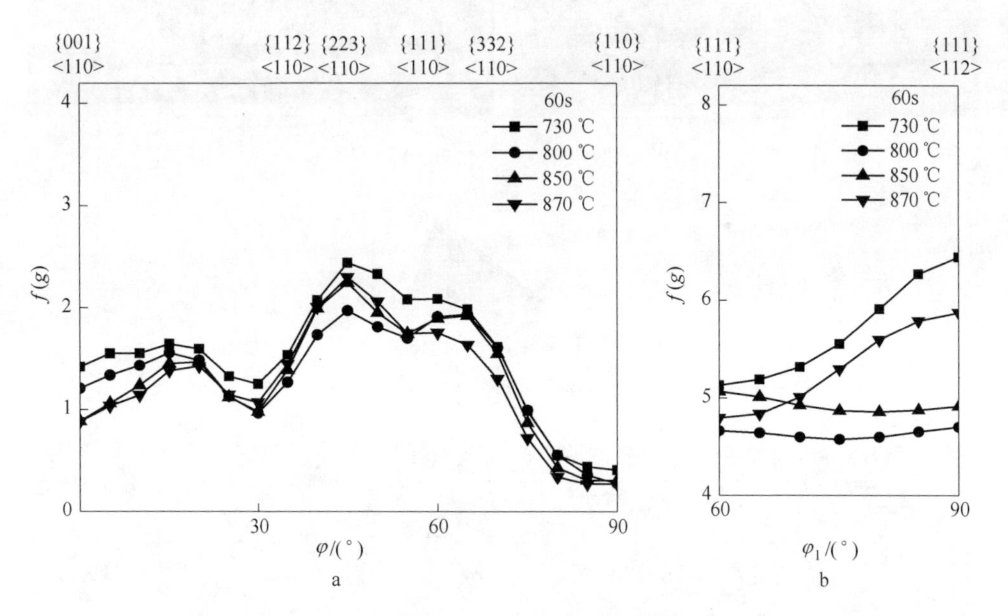

图 4-13 不同退火温度下实验钢的密度变化取向

a—α 纤维织构；b—γ 纤维织构

从图 4-13b 中可以观察到，在不同的退火温度下，γ 纤维织构密度取向线上各组分密度分布并不均匀，尤其在保温温度为 730℃和 870℃时，密度最大值与最小值之间相差 1 左右。而相对来说在保温温度为 850℃时，γ 纤维织构密度取向线上各组分密度分布最为均匀，各组分密度值相差在 0.2 以内。但是γ纤维织构取向组分密度均高于α纤维织构取向线上的各组分密度（密度最低处的组分密度也大于4.6），其中密度最高处的组分可达6.5。

4.2.5.2 微观织构EBSD测试结果

图4-14和图4-15分别为730℃、800℃、850℃和870℃连续退火的试验钢

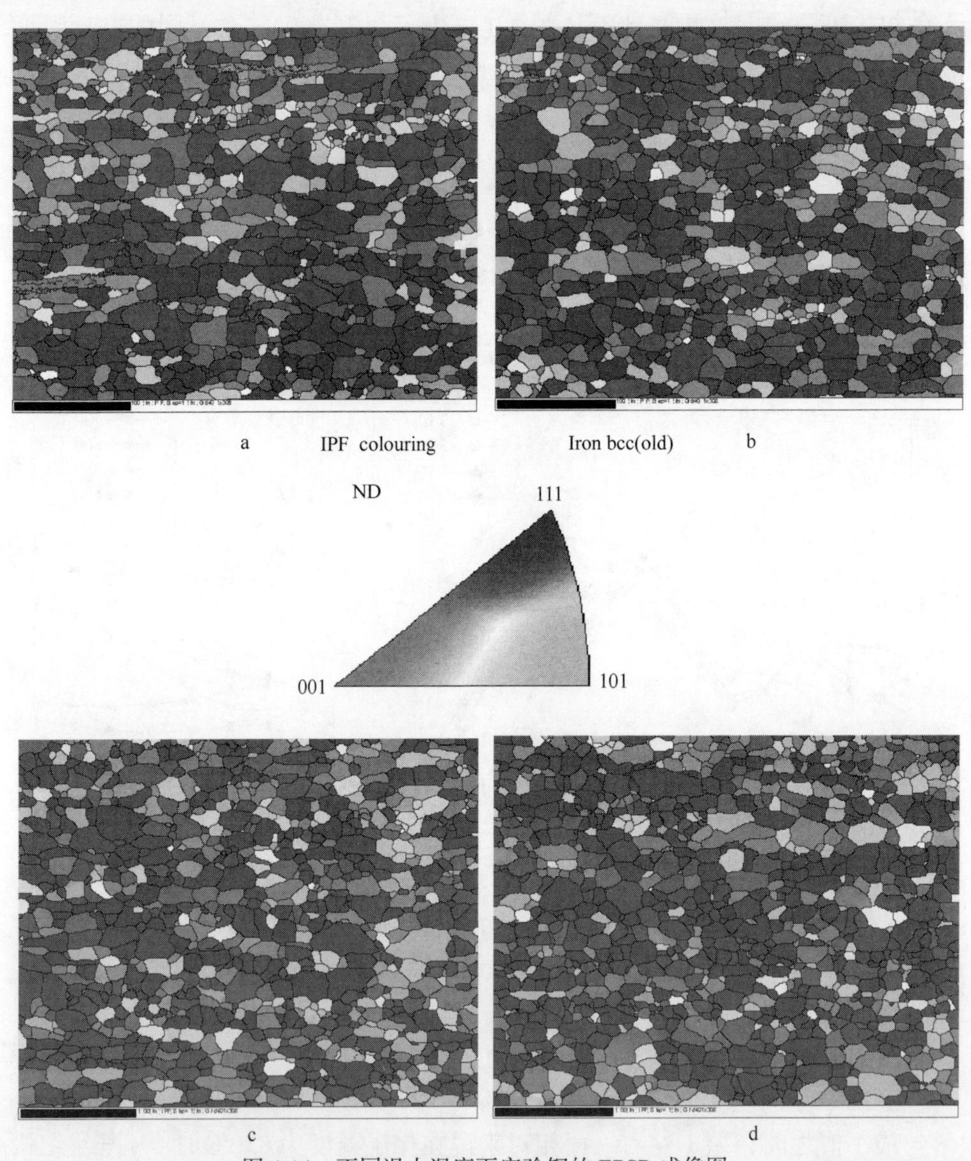

图4-14 不同退火温度下实验钢的EBSD成像图

a—730℃；b—800℃；c—850℃；d—870℃

EBSD 成像图和所测得的晶粒取向差的变化图。从图中可以看出，实验钢在经连续退火工艺后形成了均匀的等轴晶粒，且其晶粒取向以深灰色的{111}取向为主，说明连续退火工艺使得{111}取向的晶粒吞并了冷轧后的{001}取向的晶粒而长大。连续退火后的晶粒之间取向差呈大角度关系的比例很大（>85%）。

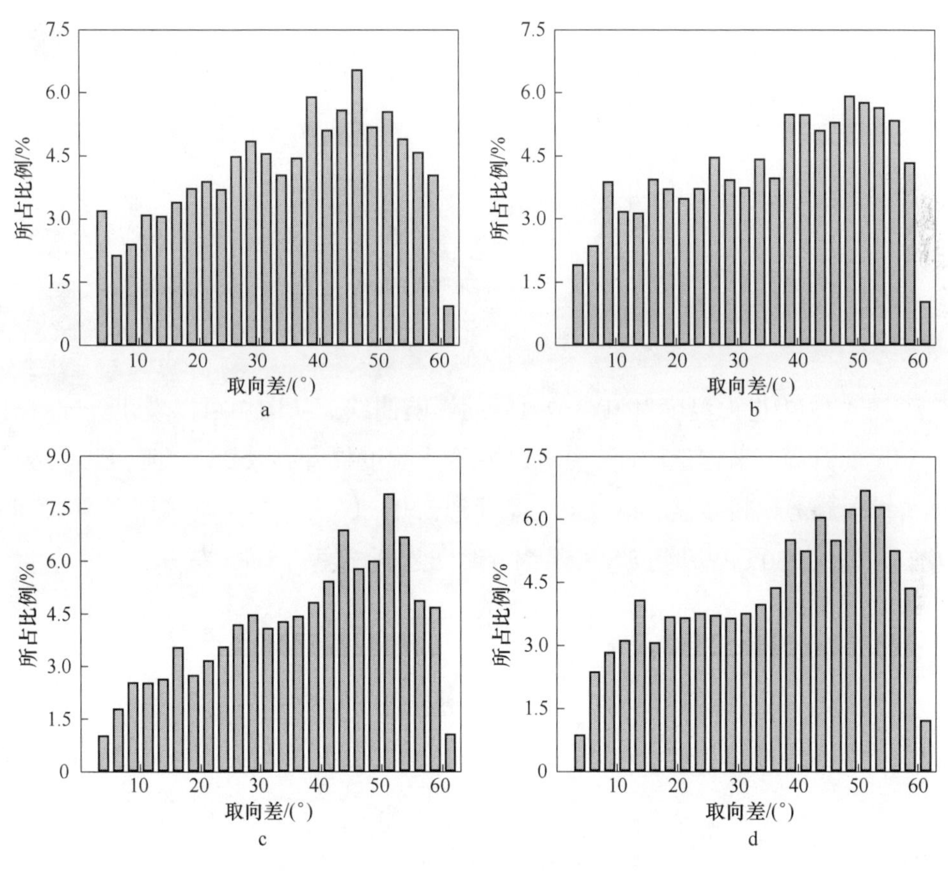

图 4-15 不同退火温度下实验钢的取向差图

a—730℃；b—800℃；c—850℃；d—870℃

4.2.6 退火工艺对氢渗透时间的影响

利用金属氢渗透试验装置及方法进行了系列氢渗透实验，所选的连续退火温度点为 730℃、800℃、850℃和 870℃，保温时间为 180s。通过数据处理，并将氢渗透时间折算成 1mm 厚的板所用的时间，最终得到氢渗透时间。

图 4-16 为经过数据处理后得到的氢渗透曲线。由图中的氢渗透曲线可以看到，随着氢渗透时间的增加，归一化通量是逐渐增大的，但其增大至 1.0 时，说明氢在钢板中达到稳态渗透。

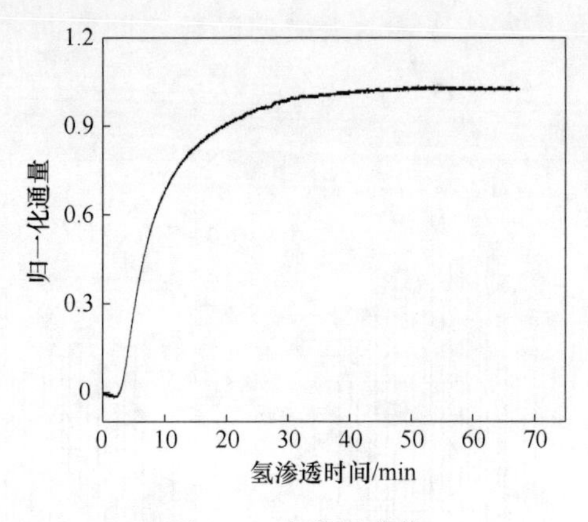

图 4-16 氢渗透曲线

图 4-17 为退火温度对氢渗透时间的影响曲线。从图中可以看出，随着退火温度的升高，氢渗透时间 t_b 缩短。在退火温度提升到 850℃之前，氢渗透时间 t_b 缩短趋势比较缓慢，从 730℃提升到 850℃仅从 16min 左右缩短到 12min 左右。而从 850℃提升到 870℃氢渗透时间急剧缩短到 3min 左右。

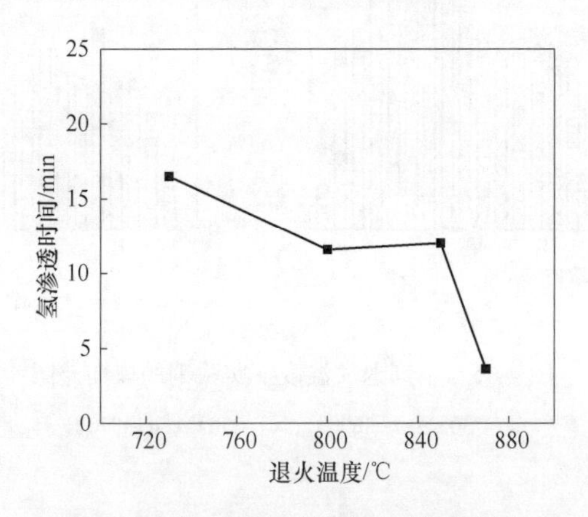

图 4-17 退火温度对氢渗透时间的影响

对于搪瓷钢板来说，以 1mm 厚的钢板为准，要保证钢板具有良好的抗鳞爆性能，氢渗透时间 t_b 至少为 6~8min。因而退火温度从 730℃到 850℃都是符合要求的，退火温度 870℃的钢板抗鳞爆性能严重不足。

$D=0.0505L^2/t_b$ 计算可获得氢在钢板中的扩散系数，图 4-18 为退火温度对氢扩散系数 D 的影响规律。

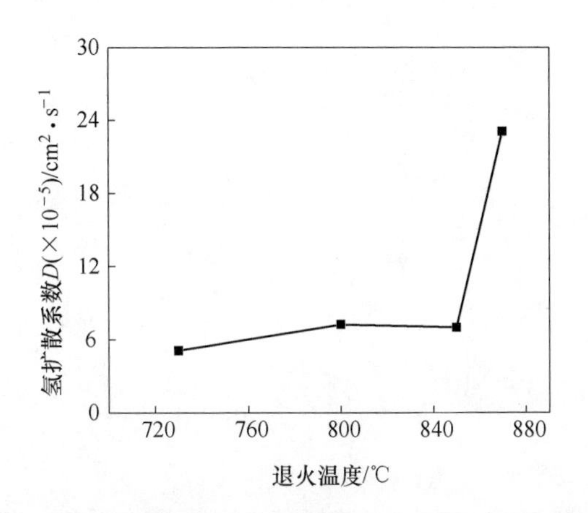

图 4-18　氢在钢板中的扩散系数随退火温度的变化规律

由实验结果可知，退火温度在 730～870℃之间实验钢的氢扩散系数随着退火温度的升高而增大，但是在 850℃之前，这种增大趋势并不明显，而且始终保持很小的值，当退火温度升高到 870℃时氢扩散系数急剧增大，增幅超过一个数量级，扩散系数远远超标。

金属材料的内部缺陷对氢有着捕获作用，即延迟氢的扩散，这已被许多研究证实，这些缺陷包括空位、位错、晶界、微孔洞、第二相粒子与基体的界面等。低碳低合金钢中对于氢的捕获能力从弱到强的顺序依次是：渗碳体、夹杂物、位错、粗化的析出物、弥散细小的析出物，当钢中的第二相粒子分布越弥散，粒子越小，其对氢的捕获作用越大。

从图 4-17 可知，实验钢在退火保温温度低于 850℃时，氢渗透时间随着温度的升高而逐渐缩短，当退火温度达到 870℃时，氢渗透时间急剧缩短。其原因可从图 4-19 得以证实。在退火温度提升到 850℃之前，析出物的数量较多，且尺寸细小（15nm 左右），分布比较弥散，随着退火温度的升高，细小析出物的数量略有减少，但是这种细小析出物减少的趋势并不是特别显著。当退火温度提升到 870℃时，析出物的数量明显较少，尺寸显著增大（45nm 左右），且分布不均匀。因而，实验钢氢渗透时间的缩短归因于第二相粒子尺寸的增大和数量的减少。

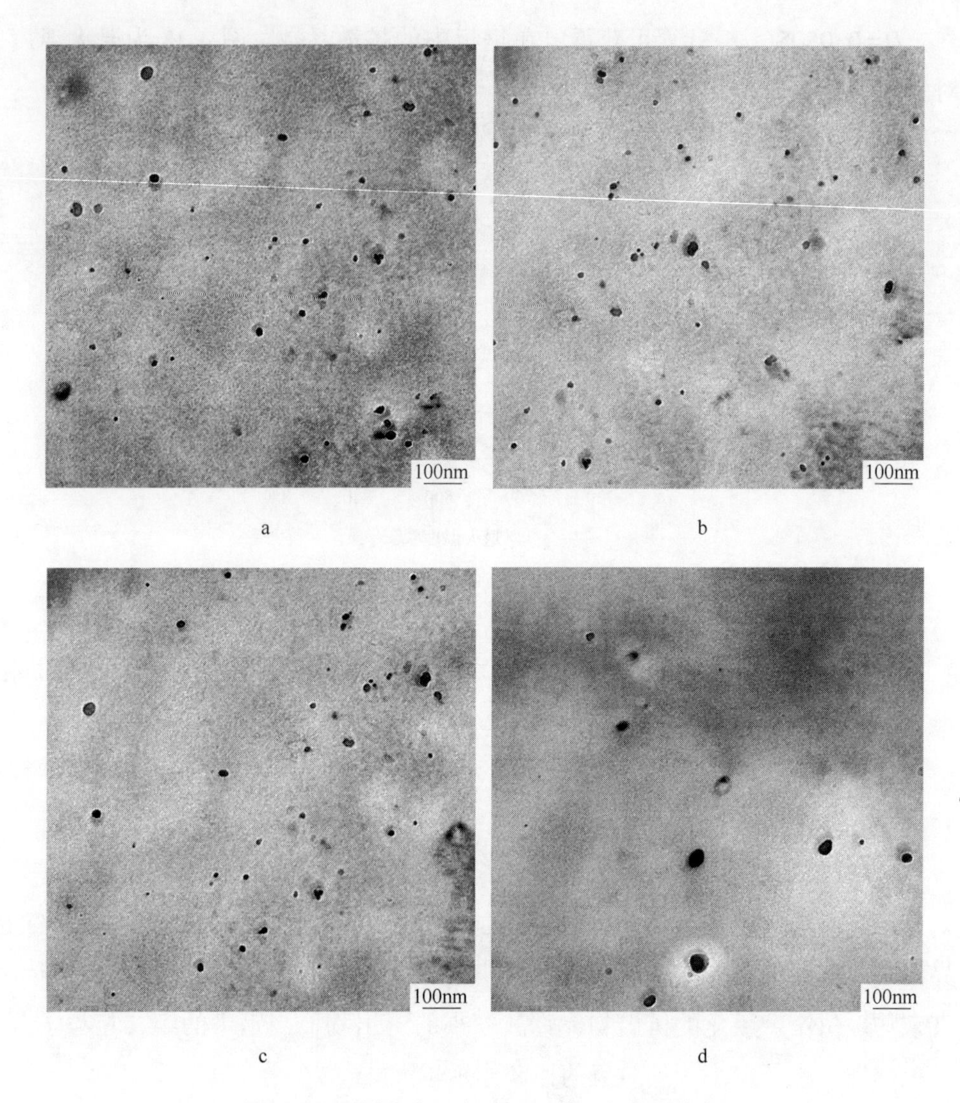

图 4-19 不同退火温度下 TEM 第二相粒子分布

a—730℃；b—800℃；c—850℃；d—870℃

利用 JMatpro-v6.0 软件对实验钢的析出物及其在不同温度析出的含量进行模拟，其结果如图 4-20 所示。

从图中可知，退火温度低于 870℃时，实验钢中的 Ti(C, N) 含量较高，其含量随温度的升高而下降。而当退火温度高于 870℃，Ti(C, N) 反向溶解，转变为 TiN 析出。直到温度上升到 1200℃以前，$Ti_4C_2S_2$ 一直存在于实验钢中，且保持较高的含量而几乎不发生变化。只有当温度超过 1200℃才开始

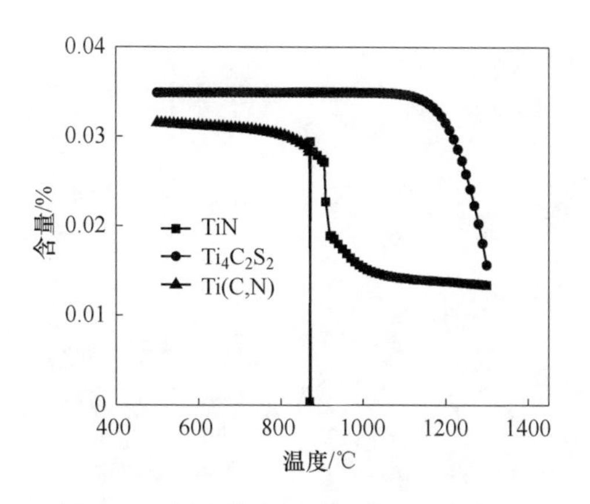

图 4-20 析出物含量随温度的变化规律

逐渐反向溶解，到1300℃左右完全消失。由此可知，实验钢氢渗透时间缩短的原因是Ti(C, N) 的反向溶解，Ti(C, N) 在实验钢中的尺寸相对细小，因而Ti(C, N) 对氢的捕获作用最为明显。

在退火温度为730~850℃时，随着退火温度的升高，氢渗透时间呈缓慢下降的趋势，这是由于析出物出现长大的现象。但是，在此温度区间析出仍以尺寸细小的Ti(C, N) 为主，且分布弥散，因而，析出物尺寸一定范围内的长大对氢渗透时间缩短趋势的影响不是特别大。

但是，当退火温度达到870℃时，细小的Ti(C, N) 反向溶解，这种Ti(C, N) 的反向溶解，使得析出物的总体数量急剧减少，且剩下的析出物多为对氢的捕获作用不是很明显的大尺寸析出物（以$Ti_4C_2S_2$为主），因而，氢渗透的时间急剧缩短，氢扩散系数急剧增大，即实验钢的贮氢性能下降。

4.3 罩式退火实验结果与分析

4.3.1 保温温度对显微组织的影响

在光学显微镜下观察罩式退火的显微组织，如图 4-21 所示。经过退火后，实验钢的组织为等轴铁素体，而且分布均匀，用截点法测量晶粒度，晶粒等级为 8~9 级。其中，650℃退火后的晶粒尺寸为 14.5μm，700℃退火后的晶粒尺寸约为 17.0μm，730℃退火后的晶粒尺寸约为 18.7μm，可见随着退火温度的升高，再结晶晶粒开始逐渐长大。

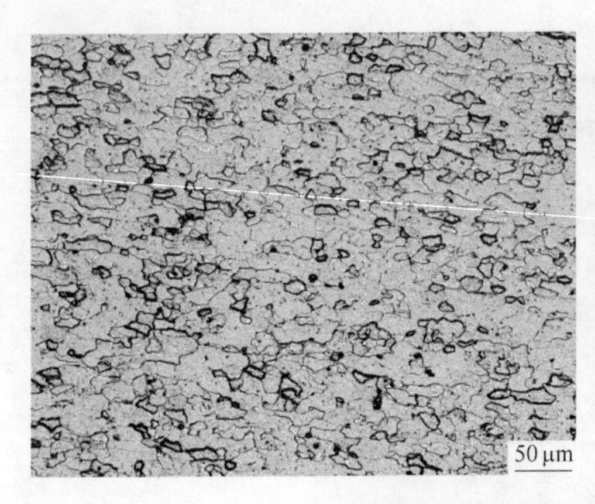

a

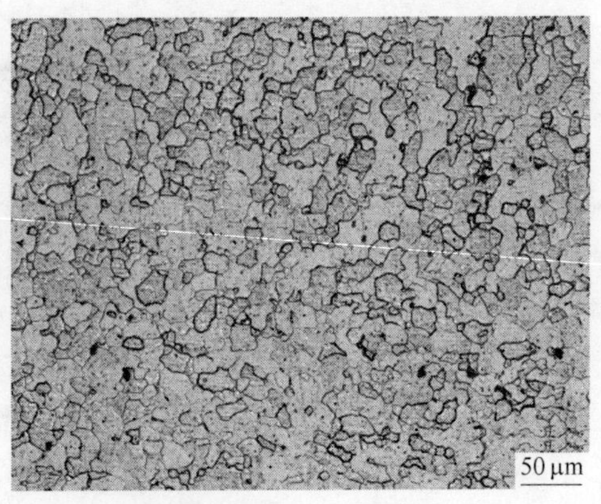

b

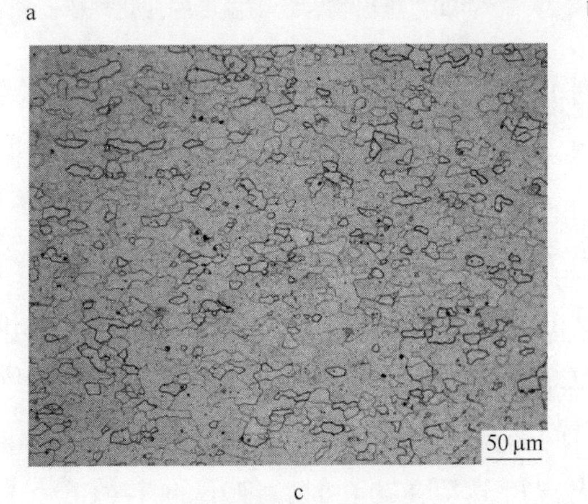

c

图 4-21 实验钢退火后的显微组织

a—650℃；b—700℃；c—730℃

利用 TEM 观察 700℃退火后实验钢，如图 4-22 所示，实验钢中有大量的小尺寸析出物，尺寸约为 10～30nm，并有少量的大尺寸析出物，尺寸约为 100nm。通过能谱分析，小尺寸的析出相中含有较高含量的 Ti，并含有一定含量的 C 和 N，可推测出析出相为 Ti(C，N)。

而对于大尺寸的析出物，一种可确定为 MnS，另一种为 Ti、C、S 的复合析出，通过能谱成分分析进行定量计算，S 和 Ti 的重量百分比分别为 18.72% 和 49.44%。将此换算成原子数量比则为 Ti∶S=2∶1，因为能谱分析对原子序数较小的 C 测试不准以及实验钢基体上存在 C 的原因，所以可进行 C 的缺位分析，可确定此析出物不是 TiS，而是 $Ti_4C_2S_2$。

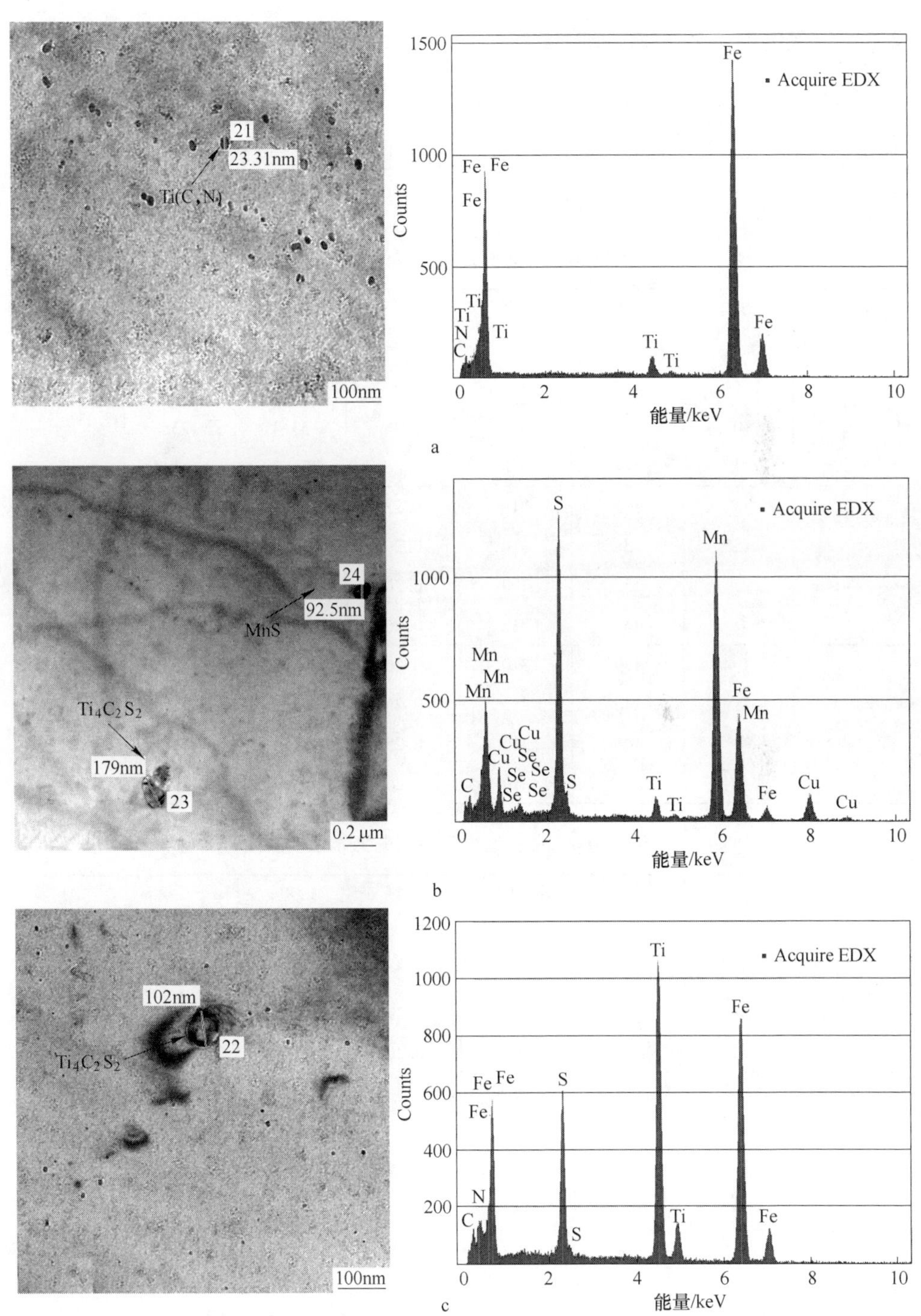

图 4-22 实验钢中典型析出形态及其对应的能谱分析

a—Ti(C，N)；b—$Ti_4C_2S_2$ 和 MnS；c—$Ti_4C_2S_2$

4.3.2 保温温度对力学性能的影响

对退火后的实验钢进行力学性能测试，见表4-4~表4-6。各项力学性能数据分布均匀，其中实验钢沿45°方向的塑性应变比 r 与其他两个方向相比较低，这将导致实验钢在冲压过程中容易形成凸耳。

表4-4 650℃罩式退火实验钢的力学性能测试

编　号	方向	R_{eL}/MPa	R_m/MPa	n	A_{50}/%	r	Δr
4-1	0°	140	300	0.26	38.8	1.24	0.32
	45°	145	310	0.26	34.2	0.99	
	90°	144	310	0.26	33.4	1.35	
	平均值	144	310	0.26	35.2	1.14	
4-2	0°	135	310	0.27	46.8	1.55	0.45
	45°	138	310	0.26	36.0	1.10	
	90°	137	300	0.26	42.0	1.55	
	平均值	137	310	0.26	40.2	1.33	
4-3	0°	139	310	0.26	41.0	1.38	0.07
	45°	146	315	0.26	33.7	1.25	
	90°	146	310	0.25	31.6	1.27	
	平均值	144	310	0.26	35.0	1.29	

表4-5 700℃罩式退火实验钢的力学性能测试

编　号	方向	R_{eL}/MPa	R_m/MPa	n	A_{50}/%	r	Δr
4-1	0°	111	290	0.29	42.5	1.58	0.44
	45°	116	290	0.29	39.2	1.15	
	90°	115	290	0.29	40.7	1.6	
	平均值	115	290	0.29	40.4	1.37	
4-2	0°	113	295	0.30	42.3	1.59	0.30
	45°	116	295	0.29	38.8	1.28	
	90°	119	290	0.28	36.5	1.57	
	平均值	116	295	0.29	39.1	1.43	
4-3	0°	114	290	0.29	38.5	1.97	0.34
	45°	118	295	0.29	41.6	1.39	
	90°	118	290	0.29	34.8	1.49	
	平均值	117	290	0.29	38.3	1.56	

表 4-6 730℃罩式退火实验钢的力学性能测试

编 号	方向	R_{eL}/MPa	R_m/MPa	n	A_{50}/%	r	Δr
4-1	0°	106	285	0.31	42.9	1.72	0.46
	45°	101	285	0.31	41.0	1.31	
	90°	105	280	0.30	40.7	1.81	
	平均值	103	285	0.31	41.4	1.54	
4-2	0°	100	280	0.32	45.4	1.74	0.43
	45°	98	280	0.33	42.6	1.45	
	90°	106	280	0.31	43.0	2.01	
	平均值	100	280	0.32	43.4	1.66	
4-3	0°	99	280	0.32	39.1	1.49	0.27
	45°	104	290	0.31	41.1	1.42	
	90°	105	285	0.31	42.0	1.89	
	平均值	103	290	0.31	40.8	1.56	

罩式退火温度是影响搪瓷用钢性能的关键因素之一，主要是通过控制再结晶过程的铁素体晶粒大小来实现的。一般来说，退火温度越高，退火后的晶粒尺寸越大，根据 Hall-Petch 关系，屈服强度降低，塑性得到改善。随着退火温度的升高，析出物尺寸的长大，析出强化效果被削弱，抗拉强度也会有所降低。

650℃退火后的 r 值较低，仅为 1.26，而 700℃以及 730℃退火后的实验钢力学性能较好，其中 730℃退火后实验钢的力学性能最佳。

伸长率主要受晶粒度及第二相粒子尺寸的影响，在退火温度较低时晶粒较小，第二相粒子细小弥散，伸长率较小；随着退火温度的上升，晶粒长大，第二相粒子溶解聚集长大，伸长率随之增加。但当晶粒尺寸过大时，会使伸长率变坏。

从图 4-23 中可以看出，随着退火温度的升高，屈服强度和抗拉强度逐渐降低。从图 4-24 中可以看出，随着退火温度的升高，伸长率 A_{50} 逐渐增大，均可达到标准要求的 36%。随着退火温度的升高，n 值也得到了提高，加工硬化的能力逐步增强。从图 4-25 可以看出，随着退火温度的提升，r 值由 1.26 提高到 1.58。各向异性系数 Δr 的变化不大，规律不明显。

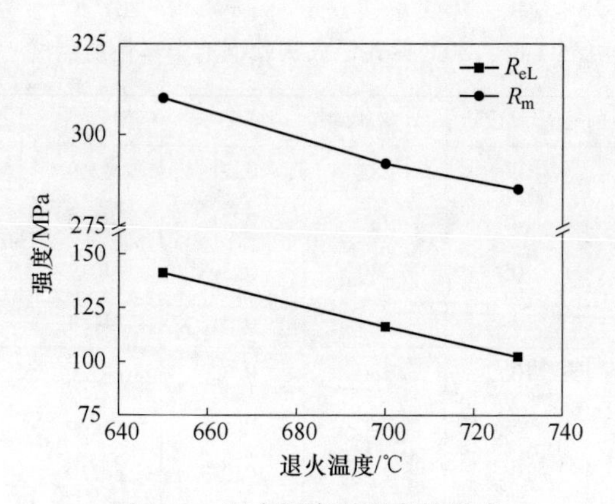

图 4-23 退火温度对强度的影响

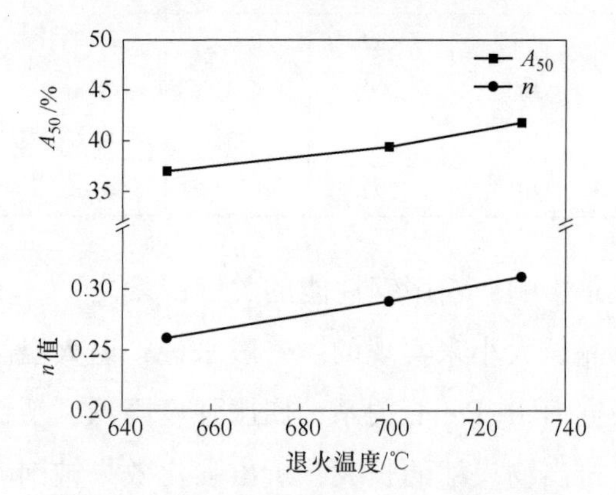

图 4-24 退火温度对伸长率、n 值的影响

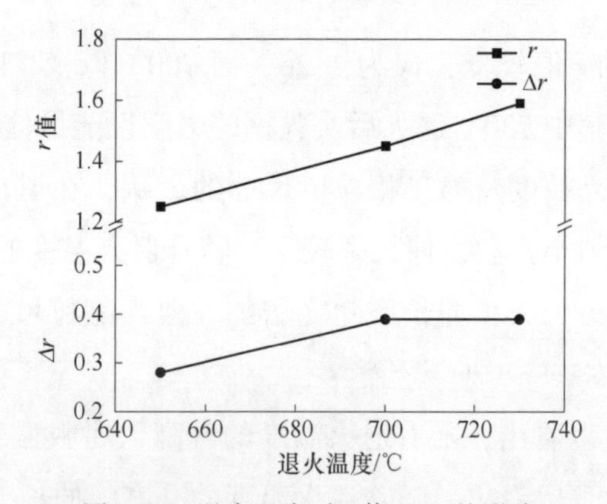

图 4-25 退火温度对 r 值、Δr 的影响

4.3.3 保温温度对微观织构的影响

图 4-26 给出了 EBSD 测得的实验钢的 ODF 图（Bunge 系统）。从图中可

以看出，退火后实验钢具有很强的γ织构，其最大值点均为{111}<001>。在{111}<011>处的强度也很高，说明经过罩式退火后，实验钢也获得了较强的α纤维织构。金属经冷变形后的再结晶是一个形核和长大的过程，生成晶粒的取向往往不是随机分布的，不同的取向储存的变形能不同，再结晶首先在储存变形能高的区域形核。由此可以推测{111}<001>储存的变形能最高，所以此处强度也最高。

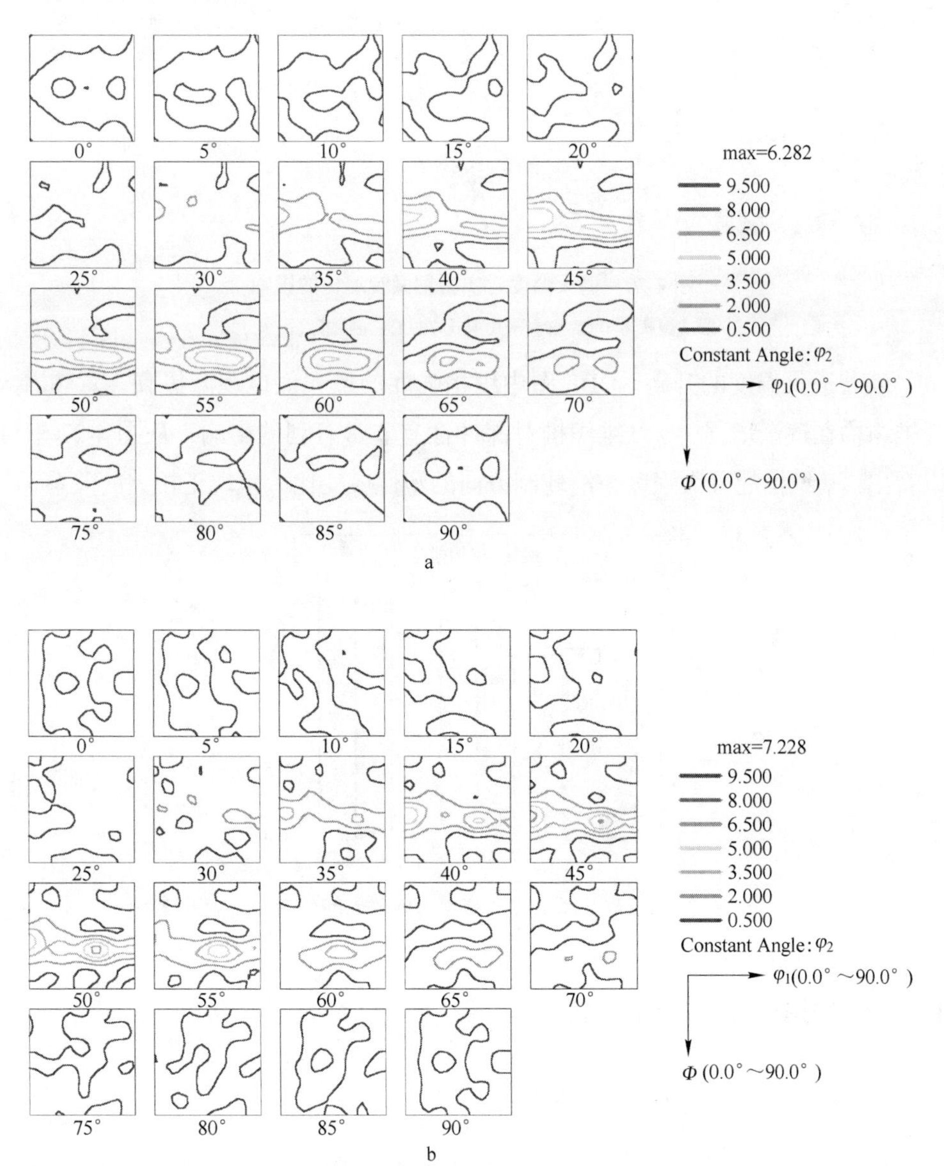

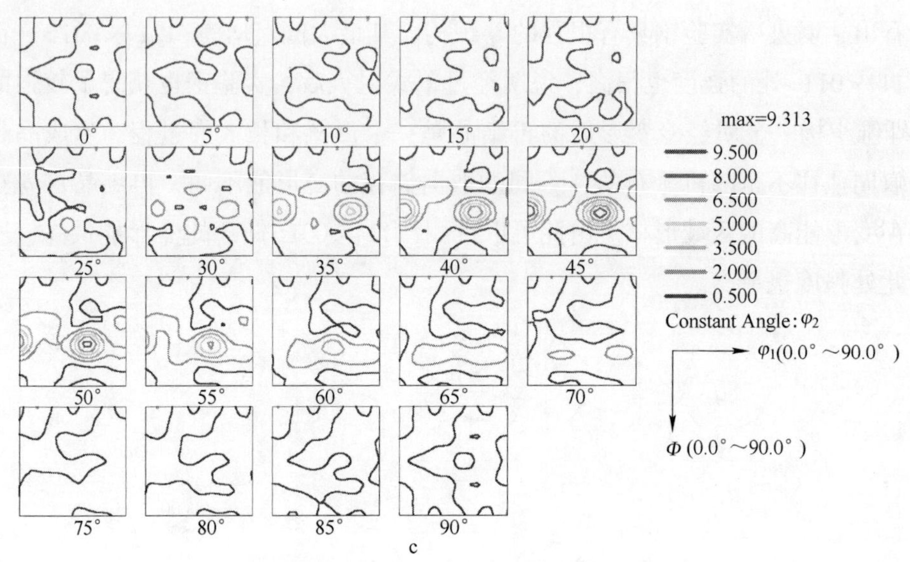

图 4-26　退火温度对实验钢微观织构的影响

a—罩式退火 650℃；b—罩式退火 700℃；c—罩式退火 730℃

随着退火温度的升高，ODF 图中织构强度的最大值也逐渐提高，意味着 γ 纤维织构在逐渐增强。γ 纤维织构对深冲性有非常有利的影响，从图 4-27 中可以看出，γ 织构的最大强度与沿轧制方向的塑性应变比 r_0 呈现正相关的关系。

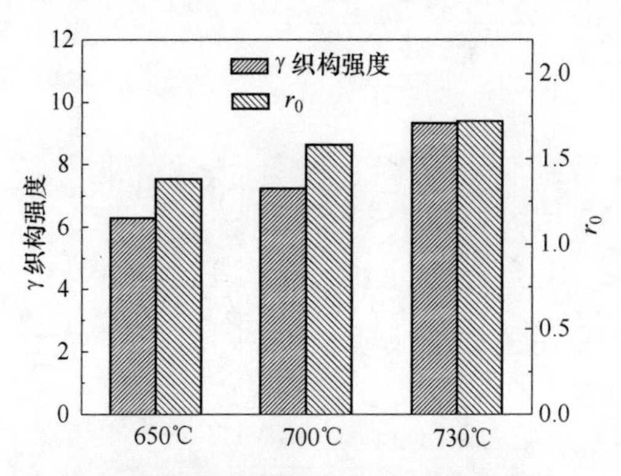

图 4-27　保温温度对 γ 织构及 r_0 的影响

4.4　两种退火工艺对比分析

4.4.1　两种退火工艺对显微组织的影响

将上述两种退火工艺中最佳的工艺，即：730℃罩式退火与 850℃，60s

连续退火，进行显微组织的对比，如图 4-28 所示。通过对比发现采用罩式退火工艺实验钢的晶粒尺寸略大于采用连续退火工艺，这部分析出物经测定（见 4.3.1 节）为 $Ti_4C_2S_2$ 和 MnS，当连续退火温度为 850℃时，通过截点法测得的晶粒尺寸只有 11.2μm，而采取 730℃罩式退火后的实验钢晶粒尺寸达到 18.7μm，晶粒尺寸大小会影响到力学性能，而且小尺寸晶粒由于晶界较多，会提高实验钢的贮氢能力。

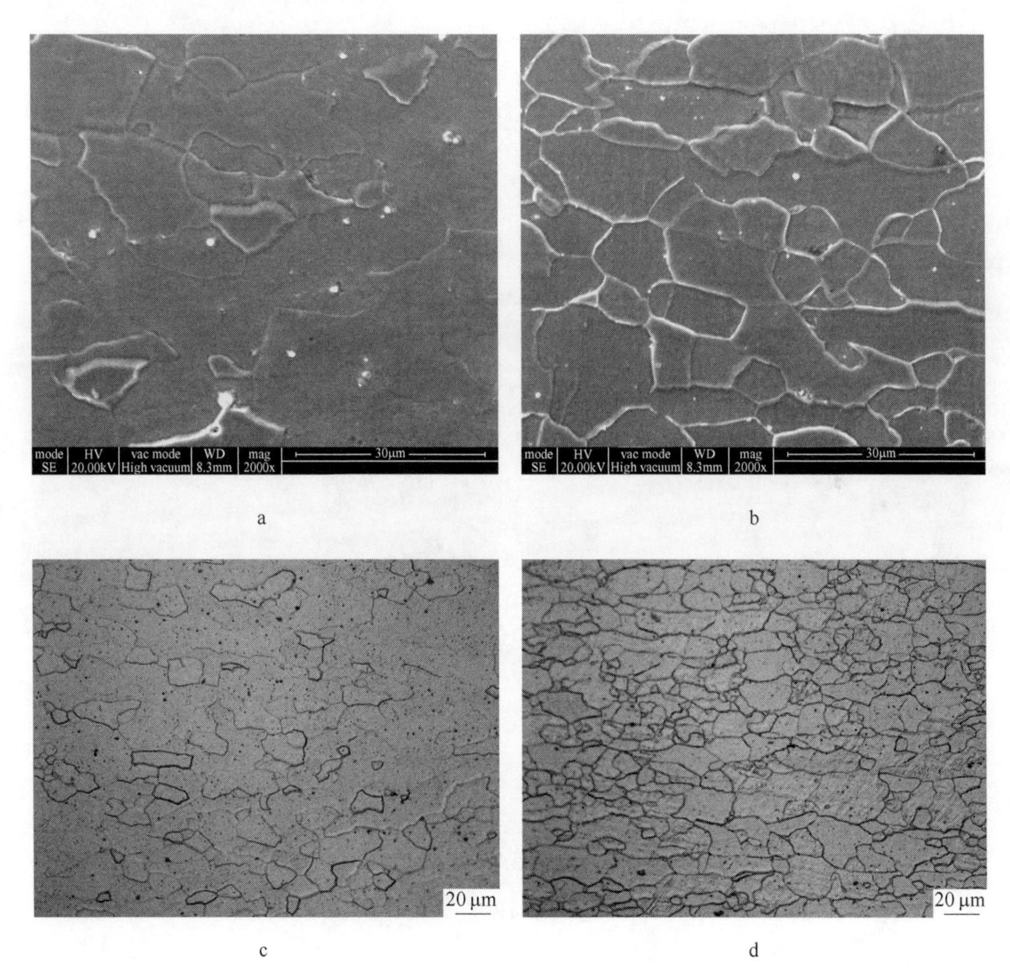

图 4-28 实验钢中析出形态及其分布

a，c—730℃罩式退火；b，d—850℃，60s 连续退火

通过分析两种退火方式的 TEM 析出物分布，如图 4-29 所示，可以看出采取连续退火工艺 b 的实验钢中小尺寸的析出物数量大于采取罩式退火工艺的

实验钢 a，然而 a 中的析出物的尺寸明显大于 b 中的析出物，这是由于在罩式退火中长时间的保温后，析出物得到了充分的聚集长大，虽然连续退火的均热温度较高，但均热时间太短，析出物长大的不充分。经过能谱分析，这部分析出物为 Ti(C，N)，尺寸集中在 10~30nm 之间，这部分小的析出物可构成贮氢陷阱，而且由于析出物较小，可导致实验钢的析出强化效果，由于 b 中的析出物尺寸比 a 小，而且数量多，因此析出强化对连续退火后的实验钢的影响比罩式退火后的实验钢的影响大。

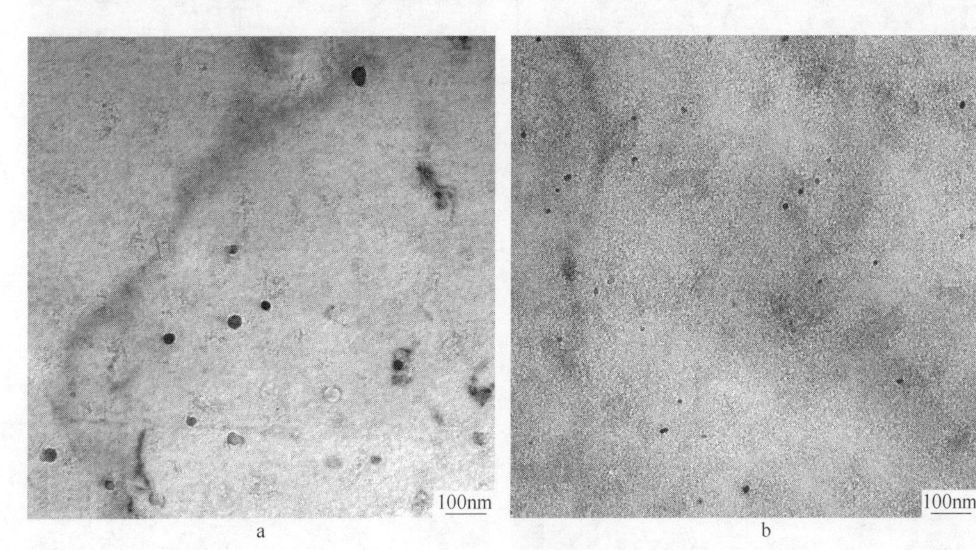

图 4-29 实验钢中析出形态及其分布

a—730℃罩式退火；b—850℃，60s 连续退火

4.4.2 两种退火工艺对性能的影响

将 730℃罩式退火与 850℃，60s 连续退火后的实验钢的力学性能测试结果进行比较，见表 4-7。与罩式退火相比，实验钢连续退火后，小尺寸的析出物含量较多，没有得到充分的长大，同时也阻碍了晶界的移动，减慢了晶粒长大的速度。由于小尺寸第二相粒子的强化效果，导致连续退火实验钢强度增大，并且削弱了实验钢的塑性，导致伸长率 A_{50} 的降低，析出物尺寸的大小也会影响到织构的形成，小尺寸析出相会阻挡织构的形成，从而影响到塑性应变比 r_m。罩式退火后的实验钢的 r_m 略高于采用连续退火的实验钢。加工硬

化系数 n 值反映了金属材料抵抗持续塑性变形的能力，n 值与晶体结构和层错能有关，一般来说，n 值与屈服点成反比关系，且晶粒越大，n 值也越大，一般来说，只要合金元素溶于铁素体中，则可降低 n 值。通过 4.4.1 节可以看出，罩式退火后的实验钢晶粒尺寸比连续退火后的实验钢大，而且罩式退火后的实验钢中析出物多于连续退火，则其所固溶的微合金元素相应的减少，因此导致罩式退火后的实验钢的加工硬化能力优于连续退火后的实验钢。

表 4-7　采取两种退火方式的实验钢的力学性能比较

退火工艺	R_{eL}/MPa	R_m/MPa	n	A_{50}/%	r	Δr
罩式退火	102	285	0.31	41.8	1.58	0.38
连续退火	237	314	0.25	40.5	1.54	0.22

综合力学能测试的整体结果来看，罩式退火后的实验钢要优于采取连续退火工艺的实验钢。由以上分析可知，若能使实验钢的析出物在连续退火过程中快速长大，则可使退火后的实验钢的强度降低，性能得到优化，因此若对实验钢的力学性能提出更高的要求，我们可以从进一步改善工艺制度或适当的改变成分设计来达到目标。由于在实际生产中连续退火的连续化及自动化，生产效率高，生产成本低，因此在工业化生产中对这两种退火工艺要根据需要来决定采取哪一种退火方式。

4.5　氢渗透实验结果对比

对采用罩式退火及连续退火后的实验钢进行了氢渗透实验，试样退火工艺为：图 4-30a 是 850℃，60s 连续退火，图 4-30b 是 730℃罩式退火。图 4-30 为经过数据处理后得到的氢渗透曲线，均达到氢原子的稳态渗透，a 中的氢渗透时间 t_b=6.1min，扩散系数 $D=1.40\times10^{-6}\text{cm}^2/\text{s}$，b 中的氢渗透时间 t_b=11.1min，扩散系数 $D=7.58\times10^{-7}\text{cm}^2/\text{s}$。对于搪瓷用钢，氢渗透时间大于 6min 即可满足搪瓷需求，因此这两种退火工艺下的实验钢均满足性能要求。由此实验可知，采取罩式退火后的实验钢的抗鳞爆性能要优于连续退火后的实验钢。

钢中的晶界、位错、空穴、夹杂物和析出相等都是良好的氢陷阱，由于实验钢经过退火处理，位错基本消除，因此实验钢中的氢陷阱主要为晶界及析出相，经分析可知，实验钢晶内析出物 $Ti_4C_2S_2$、MnS 以及 Ti（N，C）是

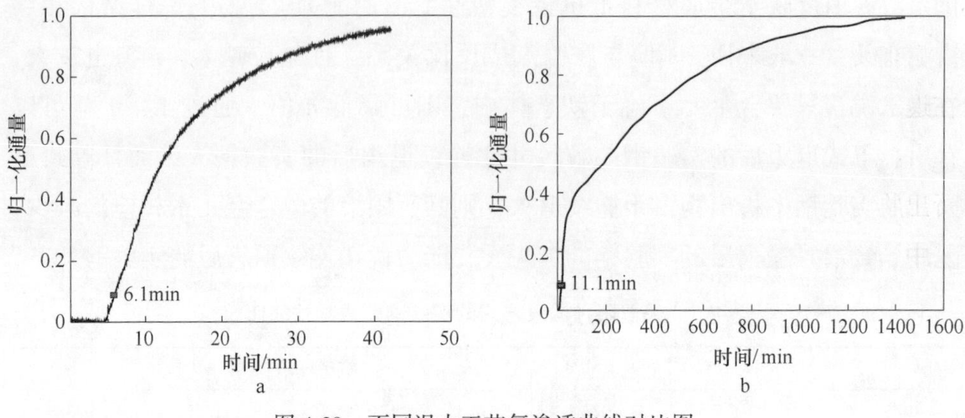

图 4-30 不同退火工艺氢渗透曲线对比图

a—连续退火；b—罩式退火

影响氢渗透时间的主要因素，是贮氢陷阱的主要组成部分，而晶界及晶界处析出的 Fe_3C 对氢渗透时间的影响较小，对贮氢陷阱的贡献较小。

4.6 本章小结

本章对超低碳搪瓷钢进行了罩式退火和连续退火工艺研究，对其进行了力学性能测试，并利用 OM、SEM、TEM、EDX、EBSD 及 EMPA 观察实验钢的显微组织及微观织构，得出如下结论：

（1）连退组织主要以铁素体为主，晶粒尺寸为 5~30μm，随着退火温度的提高，铁素体晶粒尺寸逐渐增大。从 SEM 可知，实验钢晶内的析出物尺寸随着保温温度的升高而增大，同时，由于析出物的聚集长大而导致数量减少。随着保温时间的延长，晶粒逐步趋于均匀。从 SEM 形貌中可以看出，随着保温时间的延长，析出物数量减少，但尺寸增大。

（2）在实验钢的连续退火工艺中，提高均热温度，可使力学性能得到优化，晶粒尺寸增大，γ 织构加强。延长均热阶段的保温时间也有利于 γ 织构的增强以及力学性能的优化，但其对力学性能的改善与提高均热温度的方法相比较略差，在实验钢的连续退火工艺中最佳制度为 850℃均热并保温 60s。实验钢经 730℃罩式退火后的力学性能最佳，随着退火温度的升高，力学性能得到优化，晶粒尺寸增大，γ 织构强度逐渐增加。

（3）随着退火温度的改变，α 和 γ 纤维织构均发生着变化，但是整体的趋势还是基本一致的，即 α 纤维织构始终很弱，而 γ 纤维织构很强。说明退火后的织构以 γ 纤维织构为主。随着退火温度的升高，氢渗透时间 t_b 缩短。在退火温度提升到 850℃之前，氢渗透时间 t_b 缩短趋势比较缓慢。

（4）在采用两种退火工艺的实验钢中均存在大量析出物，其中小尺寸的析出物为 Ti(C，N)，大尺寸的析出物主要为 $Ti_4C_2S_2$ 和 MnS。在连续退火工艺中，随着均热温度的升高及保温时间的延长，析出物经过聚集长大，尺寸均有明显的增大。与连续退火相比较，罩式退火后的析出物由于保温时间长，得到充分的长大，其尺寸及体积分数大于连续退火后的实验钢。

5 氢渗透行为测试及析出物对抗鳞爆性能的影响

5.1 氢渗透实验材料及方法

5.1.1 实验钢的化学成分

实验钢均来自生产现场。几种实验钢都含有较低的碳含量，并适当添加了 Mn 元素和 S 元素；实验钢 M380AS、宝钢 2.0 和宝钢 3.0 都含有较低的碳含量，其他元素除添加 Mn 和 S 元素外，又添加了少量 Ti 元素。其中，实验钢 M380AS 还添加了少量 Nb 元素，化学成分见表 5-1。其中 3 个钢种的热轧工艺见表 5-2。

表 5-1　实验钢化学成分　（质量分数,%）

试样	C	Si	Mn	P	S	Als	Ti	Nb
SPCC	0.020	0.010	0.18	0.015	0.010	0.035	—	—
M380AS	0.080	0.010	0.80	0.008	0.007	0.045	0.025	0.035
STC1	0.02	0.010	0.22	0.011	0.006	0.034	—	—
宝钢 2.0	0.03	<0.01	0.19	0.011	0.007	0.033	0.007	—
70/80	0.002	<0.01	0.13	0.009	0.038	0.015	0.078	—
MTC1	0.0015	<0.01	0.014	0.01	0.033	0.017	0.083	—
DC04	0.0017	0.0071	0.1087	0.0147	0.0043	0.046	0.0629	—
DC01	0.010	0.010	0.20	0.015	0.008	0.045	—	—

表 5-2　生产工艺

试　样	终轧温度/℃	卷取温度/℃	退火温度/℃
DC01	900	700	760
SPCC	890	580	730
M380AS	900	610	750

5.1.2 显微组织观察及析出物分析

对上述实验钢进行金相及透射电镜的试样准备。利用线切割，将试样切成 10mm ×15mm 的矩形试样并用镶样机镶嵌起来进行研磨、抛光及腐蚀，然后采用金相显微镜对其显微组织进行观察分析。对于微观形貌及析出物的观察，制取薄膜试样采用电解双喷减薄技术进一步的减薄，采用 FEI Tecnai G^2 F20 透射电镜观察精细结构。

5.2 氢渗透实验结果与分析

5.2.1 微观组织特征

5 个牌号的实验钢在光学显微镜下的微观组织如图 5-1 所示。实验钢的组织均以铁素体为主，SPCC 及宝钢 2.0 钢中，在晶界处可观察到少量珠光体，STC1 钢中没有珠光体，组织更加细小。M380AS 实验钢铁素体组织明显更加细小，具有一定含量的珠光体，晶界处存在明显的粗条状渗碳体。DC01 实验钢组织为以等轴铁素体为主，晶粒尺寸稍大于宝钢 2.0 实验钢。

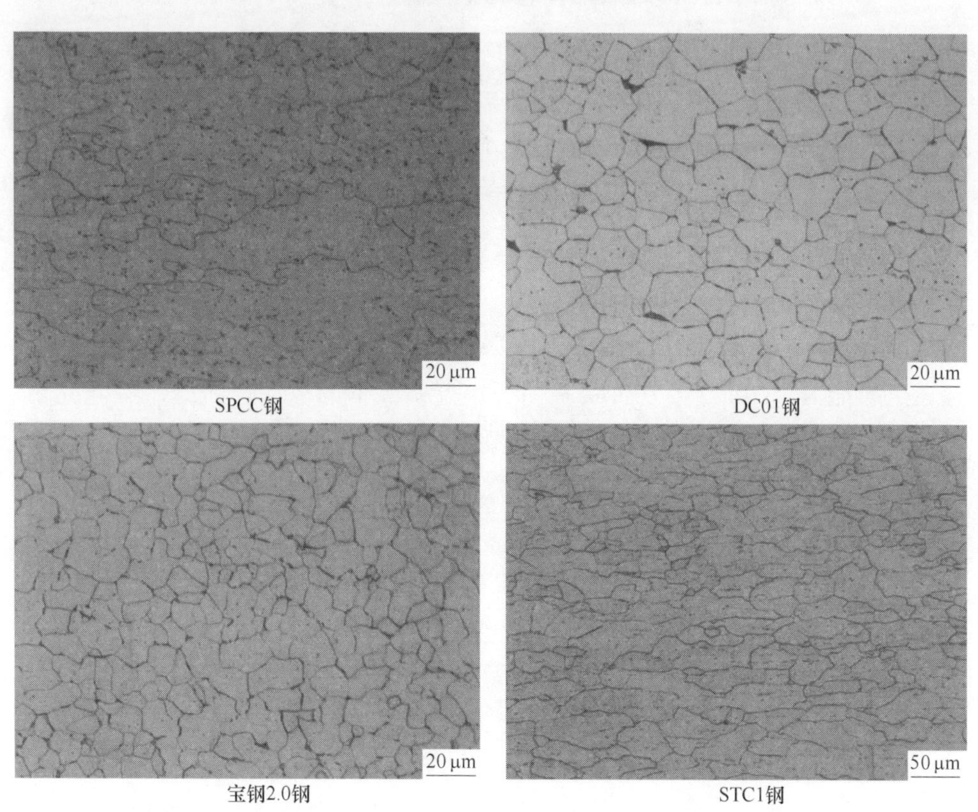

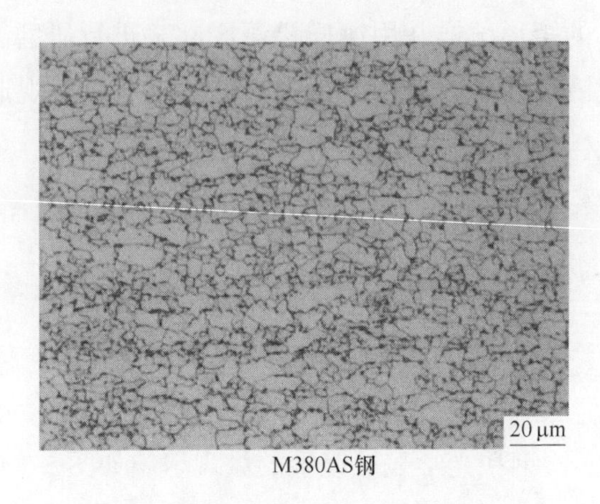

M380AS钢

图 5-1 实验钢光学显微组织形貌

5.2.2 氢渗透行为及抗鳞爆性能

鳞爆是搪瓷制品独有的缺陷，它的危险性在于鳞爆有时在产品生产出来时就会出现，但有时在放入仓库里以后过一段时间才出现，甚至有时在用户使用时才在制品上面出现。因此，提高抗鳞爆性能是搪瓷钢开发的一项重要任务。H 原子半径很小，可通过 Fe 原子晶格自由扩散、聚集。但 H 原子在瓷质中的扩散非常困难，H 在钢板中的溶解度随温度的降低而骤减。当钢板在高温下溶入较多的 H 原子时，在冷却后 H 原子就会聚集在钢板与搪瓷釉层间形成氢气，气体压力超过釉层承受时，即产生鳞爆。因此，降低钢板中 H 的渗透能力可以有效提高搪瓷钢的抗鳞爆性能。氢渗透曲线可以很好地反映氢穿透金属能力，图 5-2 为 9 种实验钢板室温条件下的氢渗透曲线。有研究表

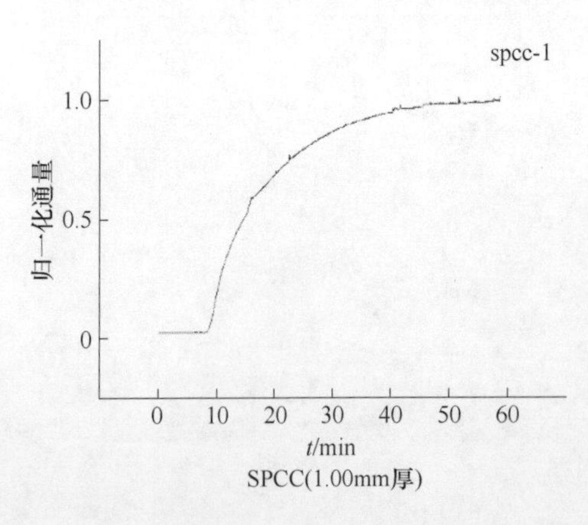

SPCC(1.00mm厚)

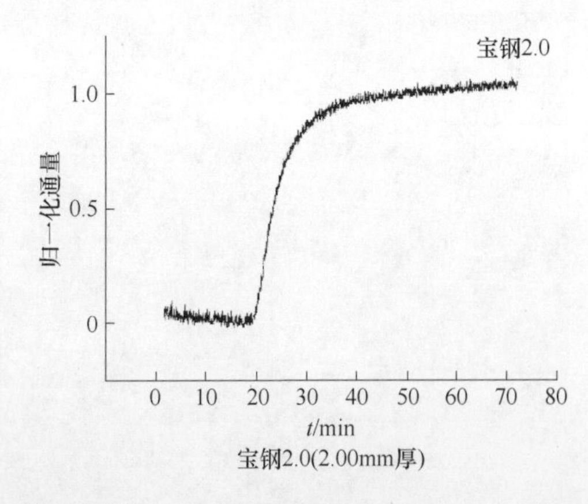

宝钢2.0(2.00mm厚)

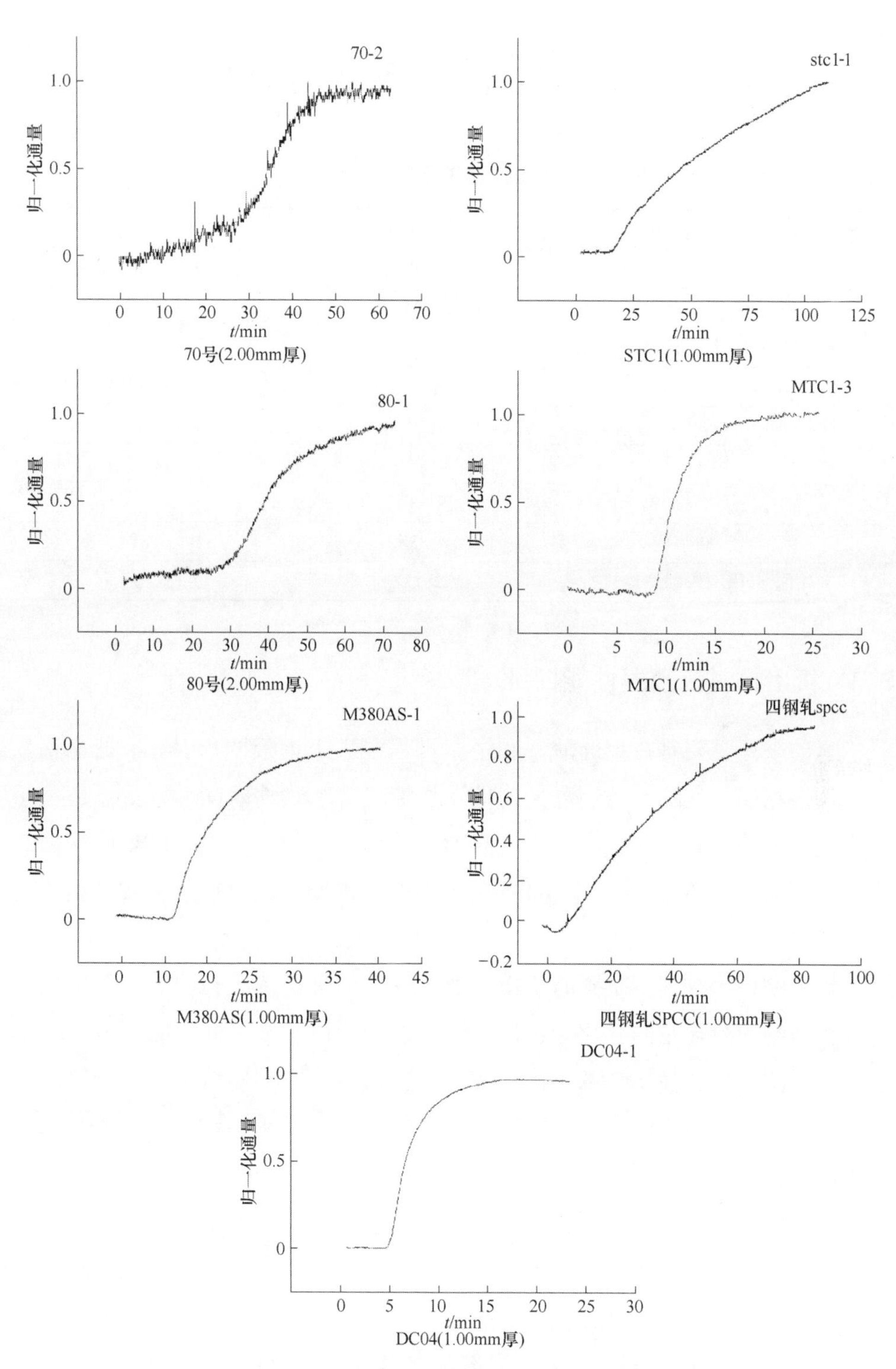

图 5-2 实验钢板室温条件下的氢渗透曲线

明，若有效防止鳞爆，1mm 厚钢板的 H 渗透时间 t_b应当大于 6.7min。实验钢板的 H 渗透时间 t_b和扩散系数见表 5-3。M380AS 的 H 渗透时间 t_b明显大于其他试样，因为其含有较多的氢陷阱。

表 5-3 实验钢板的 H 渗透时间和扩散系数

归一化通量为 0.096 时	t_b/min	D/cm^2 · s^{-1}
SPCC（1.0mm 厚）	9.50	1.52×10^{-6}
宝钢 2.0（2.0mm 厚）	18.54	4.27×10^{-6}
M380AS（1.0mm 厚）	14.87	1.08×10^{-6}
70（2.0mm 厚）	18.04	2.69×10^{-6}
80（2.0mm 厚）	23.70	2.42×10^{-6}
STC1（2.0mm 厚）	17.70	2.10×10^{-6}
MTC1（0.78mm 厚）	9.43	1.29×10^{-6}
DC04（0.70mm 厚）	4.83	1.85×10^{-6}
四钢轧 SPCC（2.0mm 厚）	12.17	2.14×10^{-5}

5.3 析出物对抗鳞爆性能探讨

氢的来源主要是在钢的酸洗和烧搪过程中进入钢板的。因此，搪瓷钢板抗鳞爆性能的保证除了控制酸洗时间、烧搪工艺和烧搪时间外，重点还在于搪瓷钢成分的控制也即提高钢板本身的抗鳞爆性能。其主要手段是使钢板组织中形成 H 原子在室温时仍不能摆脱束缚的贮氢陷阱，而析出物就是重要的“氢陷阱”。

钢中的析出物并不是同时析出，而由各自的平衡浓度积决定，析出后会造成析出物固溶含量的变化，析出物的动态的析出相互之间也有影响，析出物的平衡浓度积和稳定性的不同，使析出物按一定的顺序析出。化合物的稳定性由其标准吉布斯能决定，标准吉布斯能负值越大越稳定。钢中的第二相粒子的析出相为 TiN、TiS、$Ti_4C_2S_2$和 TiC，其中，前三种析出相是在 γ 区以前析出。由热力学数据可知，钢中析出物的稳定性顺序为 TiN、TiS、$Ti_4C_2S_2$、TiC，Ti 与 N 具有强的结合能力，在高温时就已形成 TiN，冷却过程中继续析出长大，因此其尺寸也最大；随着钢中 S 含量的增加，TiS、$Ti_4C_2S_2$的析出从无到有，由少到多，高温时，TiS 作为主要的硫化物析出，而在低温时，

$Ti_4C_2S_2$的稳定性比 TiS 强，$Ti_4C_2S_2$的析出占主导地位，而 TiC 粒子尺寸最小，分布最稀疏。Ti 与 S 的结合力高于 Mn 与 S 的结合力，并且 $Ti_4C_2S_2$的析出温度高于 MnS，所以实验钢中 MnS 的析出将被大大削弱。

提高搪瓷制品的抗鳞爆性除减少冶炼溶 H、改善酸洗和搪瓷烧制工艺外，主要还应提高搪瓷专用钢板本身的性能。为避免鳞爆的发生，要设法在钢中生成一些能够吸附 H 原子的界面，被称为“氢陷阱”。这些氢陷阱与 H 原子相互作用，必须能够阻碍 H 在其中的扩散，或稳定吸附 H 原子并使其摆脱不了束缚，从而避免 H 原子从钢板中逸出并在界面处富集。H 在钢中渗透行为的研究不仅仅局限于搪瓷钢这一狭小的领域，氢脆和氢致延时断裂问题是钢铁材料乃至大多数金属材料的共性问题。“氢陷阱”的存在可显著影响 H 扩散系数。钢中 Nb、V、Ti 等的碳氮化物作为大量弥散分布的第二相析出粒子，很早就被提出作为有效氢陷阱的来源。与此同时，钢中渗碳体、MnS 以及含 Ti 钢中的 TiN、TiS 和 $Ti_4C_2S_2$也可作为有效氢陷阱的来源。因此，添加了 Ti 的实验钢 H 渗透时间 t_b得到了明显提高。

为了研究钢中析出物对贮氢性能的影响，选取如下实验材料，分析其中的析出物类型、成分及分布状态。实验钢的化学成分及试样状态见表 5-4。表 5-4 中实验钢 70、80 钢为坯料经过热轧后所制得的实验试样，而 MTC1 为其冷轧钢板所制得的实验试样。这些超低碳搪瓷钢都含有非常低的含碳量，同时也含有 Ti、N、P、S 以及适量的 Mn 元素。这些元素都有利于生成 TiN、MnS、Ti(C, N) 等析出物，可作为有效氢陷阱的来源。

表 5-4 实验钢化学成分 （质量分数,%）

试 样	C	Si	Mn	P	S	Als	Ti	N	O
坯料	0.0007	0.008	0.13	0.011	0.028	0.018	0.089	0.0019	0.0054
MTC1(热轧)	0.002	<0.01	0.13	0.009	0.038	0.015	0.078	0.0018	0.0027
MTC1(冷轧)	0.0015	<0.01	0.014	0.01	0.033	0.017	0.083	0.0019	0.0058
DC04	0.0017	0.0071	0.1087	0.0147	0.0043	0.046	0.0629	0.0023	0.0021

图 5-3 为坯料试样的透射电镜析出物形貌及能谱分析。从能谱分析可以看到，析出物中存在着 Ti、Mn、S、N 等元素，这些元素会产生 TiN、MnS、Ti(C, N) 等析出物，作为钢试样中的氢陷阱，使氢渗透的能力降低，有效

提高实验钢的抗鳞爆性能。

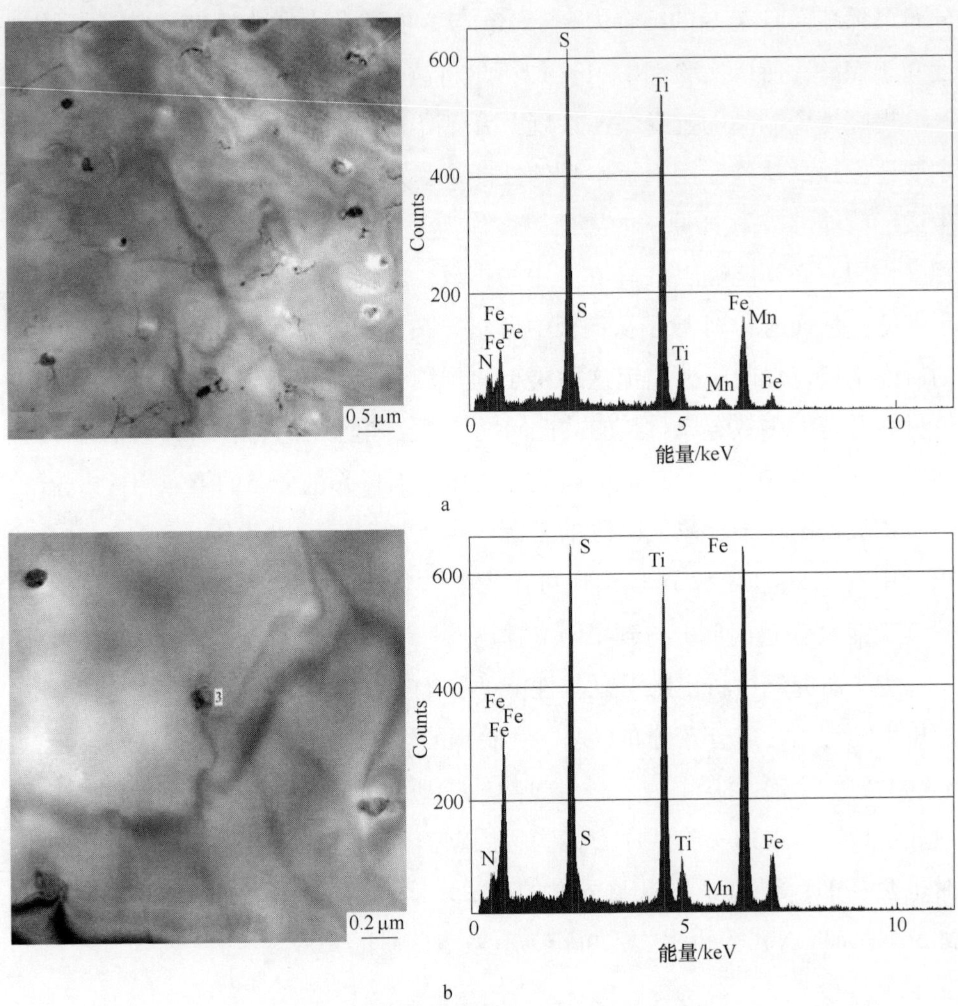

图 5-3 实验钢坯料的析出物照片及能谱分析

a—TiN，MnS；b—Ti(C，N)

图 5-4 为热轧态低碳搪瓷钢 MTC1 钢(70 钢)透射电镜观察到的第二相析出粒子形貌。在透射电镜下可以更加清楚地观察到热轧搪瓷钢板中的第二相析出粒子的形态。可以看出，析出物为尺寸在 200nm 左右的圆形或近似圆形的 TiS。

图 5-5、图 5-6 均为热轧态低碳搪瓷钢 MTC1(80 钢)在透射电镜下观察到的第二相析出粒子形貌。可以看出，TEM 照片中存在着 200nm 左右的圆形或近似圆形的粒子，能谱分析表明为 TiS。从图 5-6 可以看出第二相析出粒子

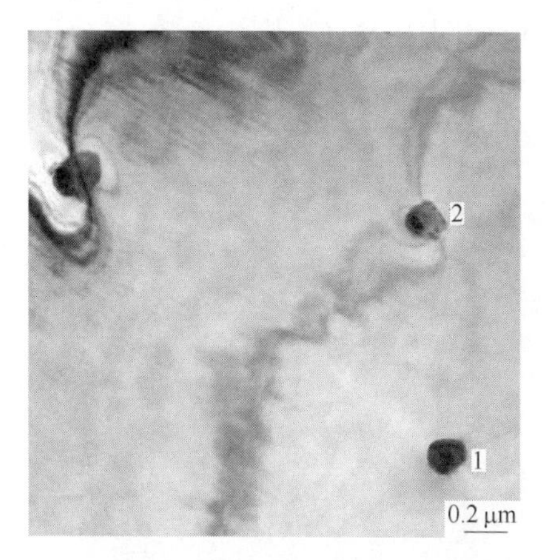

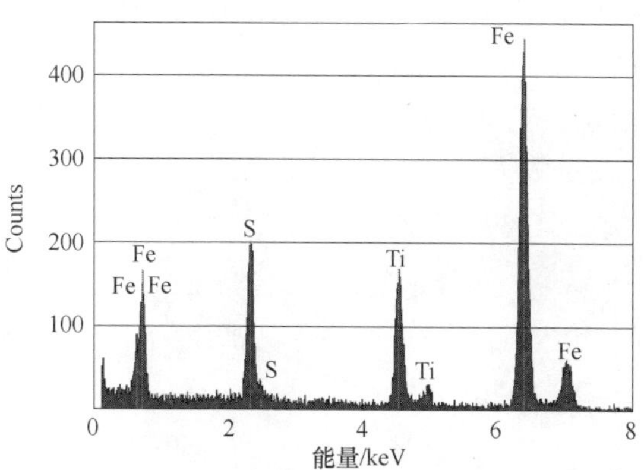

图 5-4 70 钢中的析出物 TiS

TiS 钉扎位错的情况。位错被第二相粒子钉扎，这些被钉扎的位错作为氢陷阱可以使 80 钢的氢渗透时间 t_b增加，因此从表 5-3 中可以看到 80 钢的 t_b时间比 70 钢高出很多。

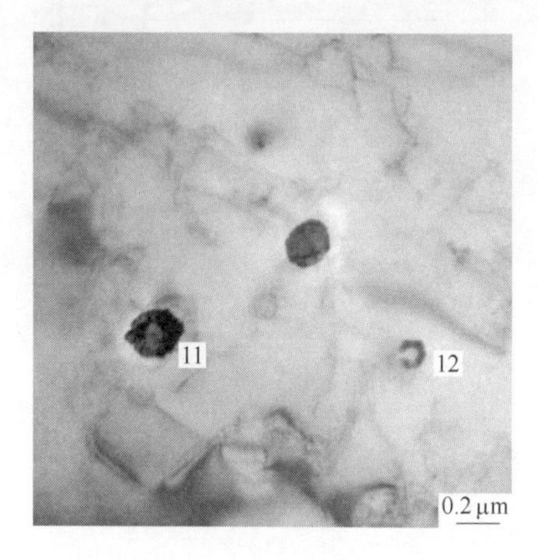

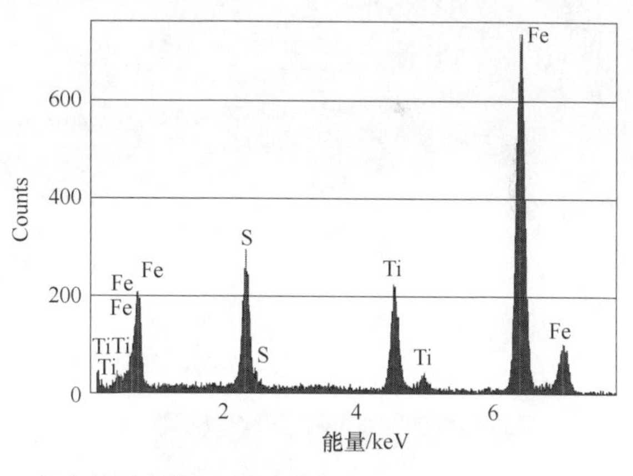

图 5-5 80 钢中的析出物 TiS

图 5-7 为透射电镜下 DC04 钢中的第二相析出粒子的形貌。可以看出，图中 DC04 钢中存在着圆形或近似圆形的 200nm 左右的$Ti_4C_2S_2$和50nm 左右的 TiS。从图 5-8 中还可以看到，DC04 钢中存在着尺寸 100 ~ 200nm 左右的 Ti(C，N)析出粒子。

图 5-9 为透射电镜下 MTC1 钢中的第二相析出粒子的形貌。可以看出，MTC1 钢中存在着 MnS 和 TiS 混合物，也可以看到 TiS 和 TiN 混合物。在图中还可以看到，MTC1 钢中存在着矩形的 200nm 左右的第二相 Ti(C，N)。图

5-9、图 5-10 为 TEM 下第二相析出粒子的形貌，图中 MTC1 钢中存在着矩形的 Ti 的多种析出物，如 TiS 和 TiN 析出物。

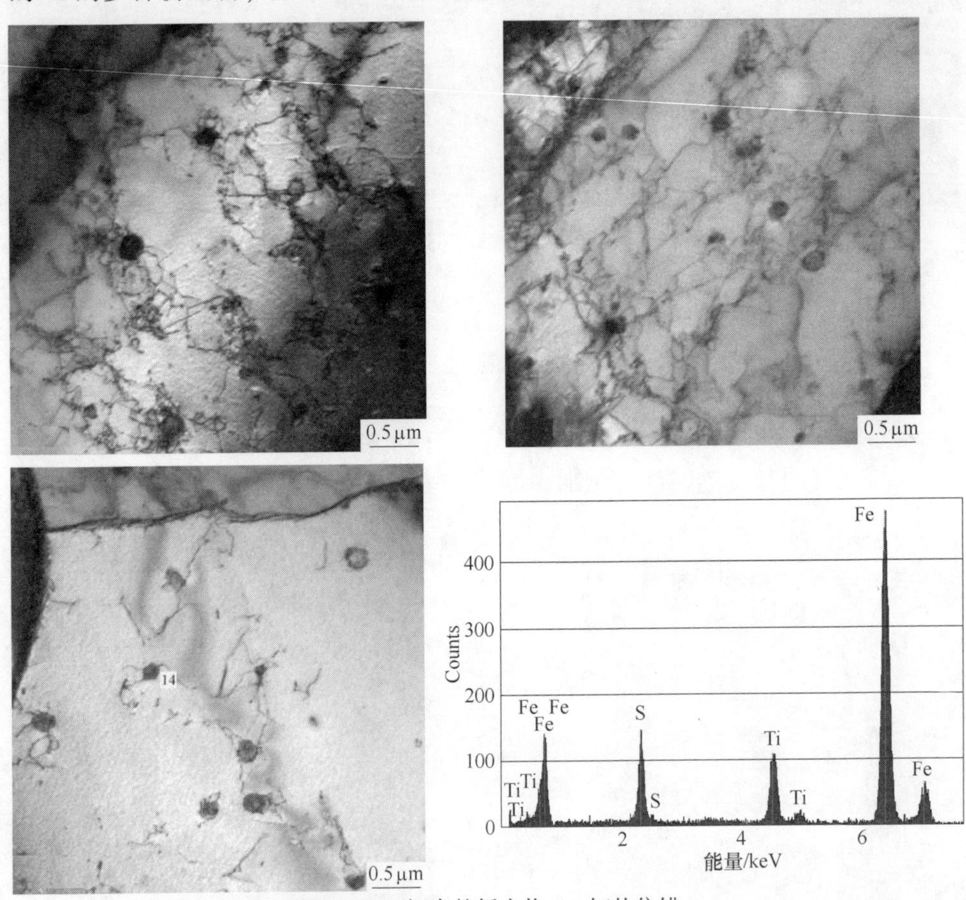

图 5-6　80 钢中的析出物 TiS 钉扎位错

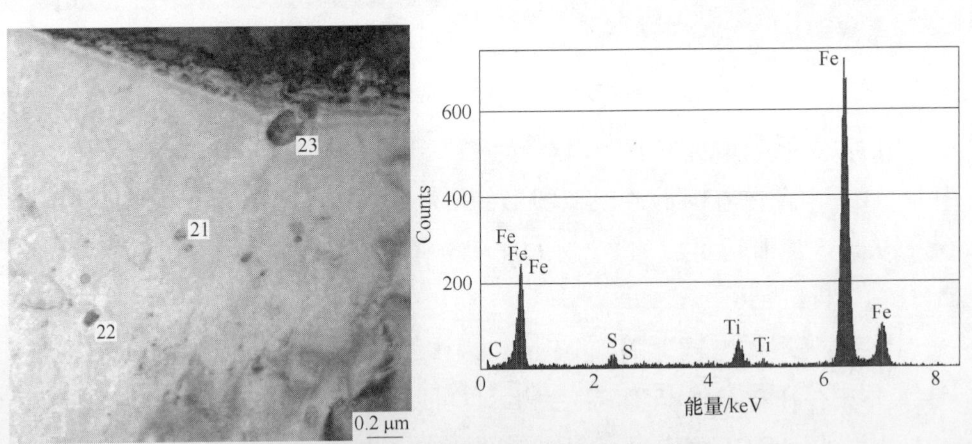

图 5-7　实验钢 DC04 中的析出物 $Ti_4C_2S_2$ 和 TiS

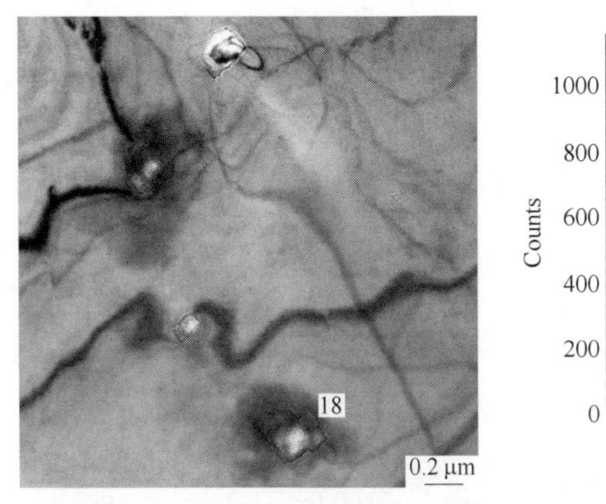

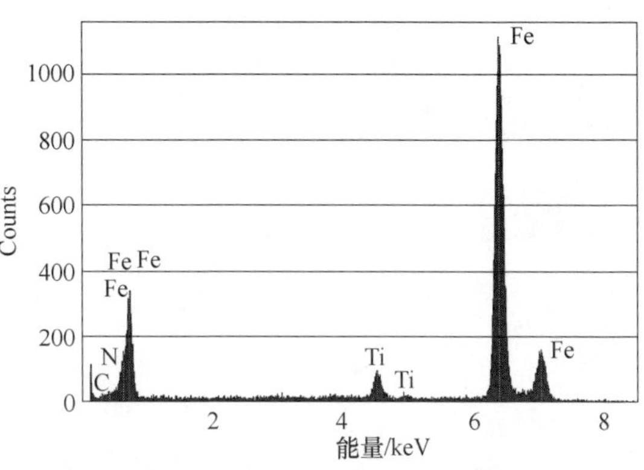

图 5-8　实验钢 DC04 中的析出物 Ti(C，N)

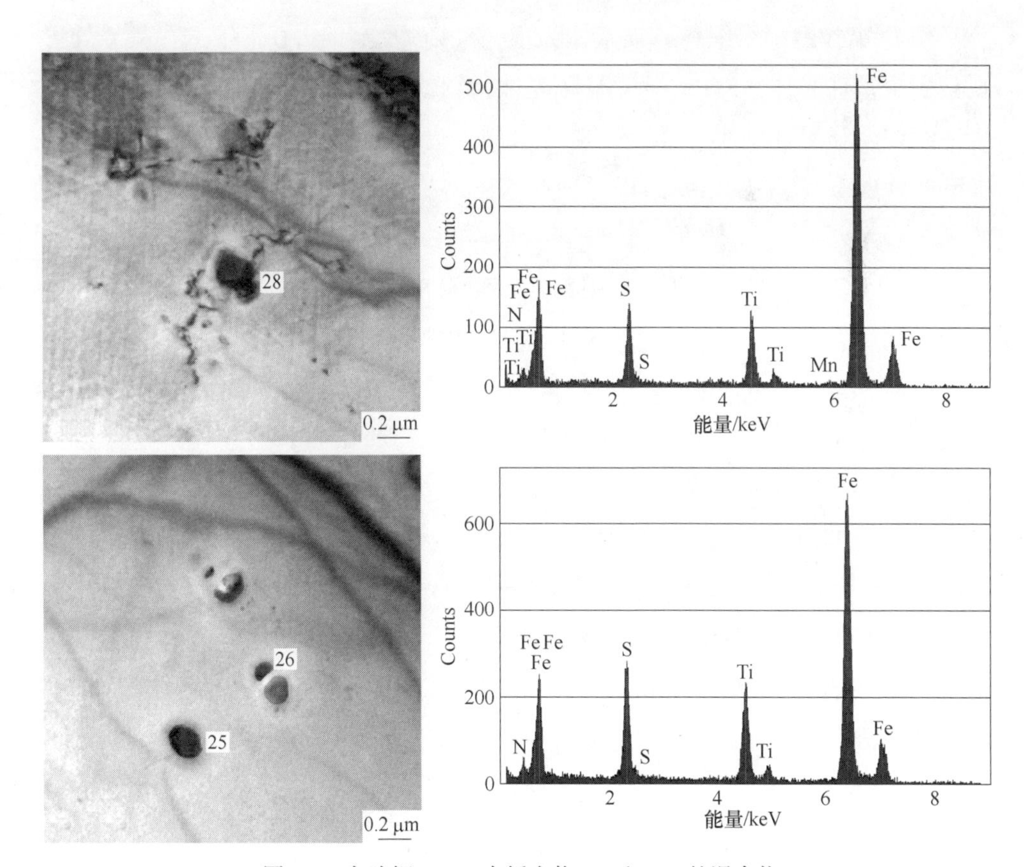

图 5-9　实验钢 MTC1 中析出物 TiS 和 TiN 的混合物

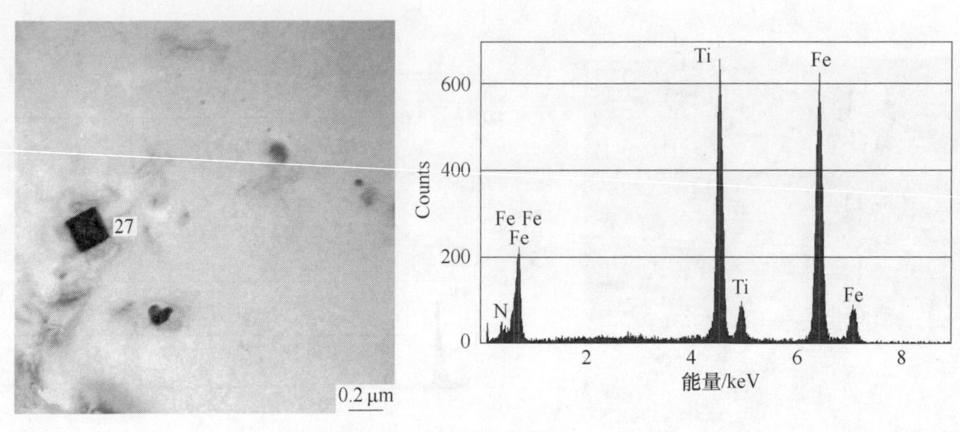

图 5-10　实验钢 MTC1 中的析出物 TiN

5.4　本章小结

（1）实验钢的组织均以铁素体为主，SPCC 及宝钢 2.0 钢中，在晶界处可观察到少量珠光体，STC1 中没有珠光体，组织更加细小。M380AS 实验钢铁素体组织明显更加细小，具有一定含量的珠光体，晶界处存在明显的粗条状渗碳体。DC01 实验钢组织为以等轴铁素体为主，晶粒尺寸稍大于宝钢 2.0 实验钢。

（2）含有 Ti、Nb 的搪瓷专用钢板 M380AS 的 H 渗透时间 t_b 明显大于其他试样，钢中含有较多的氢陷阱，可提高抗鳞爆性能指标。

（3）实验钢中都添加了 Mn 元素，会生成析出物 MnS；而大部分实验钢中都添加了 Ti 元素，会生成 TiN、Ti（C，N）等析出物。这些析出物作为氢陷阱，使氢渗透的能力降低。

（4）从 80 钢的透射电镜照片中，可以看到，里面存在着大量的位错，而析出物 TiS 起到了钉扎位错的作用。析出物 TiS 和大量的位错都起到了氢陷阱的作用，有效提高实验钢的抗鳞爆性能。

（5）实验钢中加入少量 Nb（如 M380AS），可以起到细化晶粒的作用，增加氢渗透时间，提高抗鳞爆性能。

6 涂搪工艺对低碳搪瓷钢 MTC3 组织性能的影响

6.1 实验材料及方法

实验钢切割成 50mm×80mm 的板材，化学成分见表 6-1。模拟搪瓷烧制工艺采用箱式电阻炉，保温温度分别为 800℃、830℃、860℃，保温时间分别为 2min、5min、10min，保温后从箱式电阻炉中取出，并空冷至室温。

表 6-1 实验用低碳冷轧搪瓷钢的化学成分 （质量分数,%）

试样	C	Si	Mn	P	S	Als	Ti	N
MTC3	0.0224	0.0059	0.2461	0.0083	0.013	0.032	0.0195	0.0023

6.2 力学性能检测分析

实验钢拉伸实验方法及拉伸试样尺寸参考图 2-2。模拟涂搪的过程也会影响搪瓷钢的组织性能，模拟搪烧后，实验钢板采用空冷。从图 6-1～图 6-3 可见，随着保温时间的增加，实验钢的抗拉强度和屈服强度都出现下降的趋势。而在相同时间不同温度下，其变化规律不是十分明显。需要进一步进行大量实验，找出趋势。

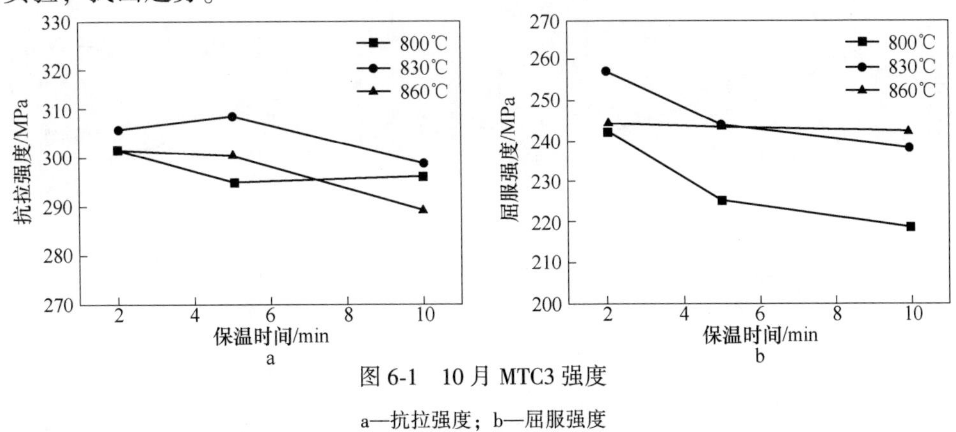

图 6-1 10 月 MTC3 强度

a—抗拉强度；b—屈服强度

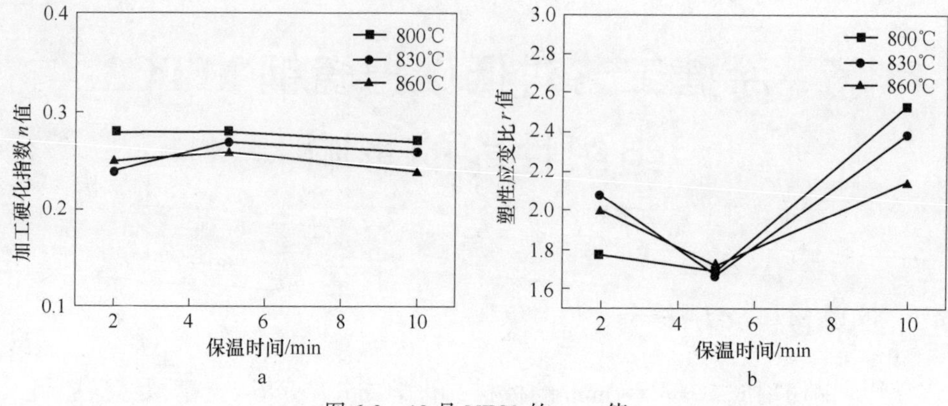

图6-2 10月MTC3的n、r值

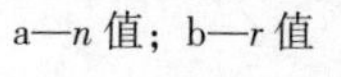
a—n值；b—r值

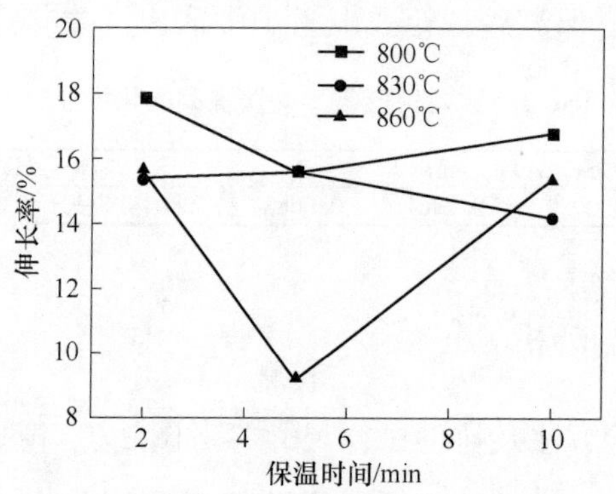

图6-3 10月MTC3伸长率

从图6-4~图6-6可见，跟10月MTC3类似。随着保温时间的增加，实验

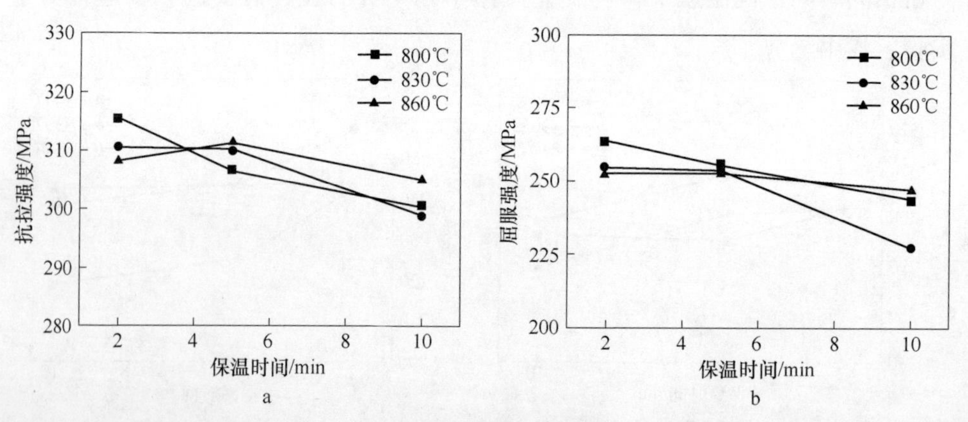

图6-4 11月MTC3强度

a—抗拉强度；b—屈服强度

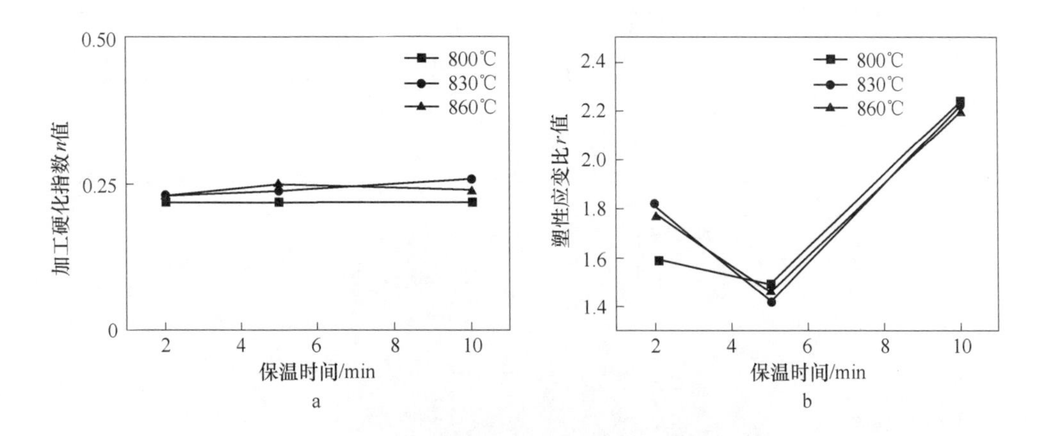

图 6-5 11 月 MTC3 的 n、r 值

a—n 值；b—r 值

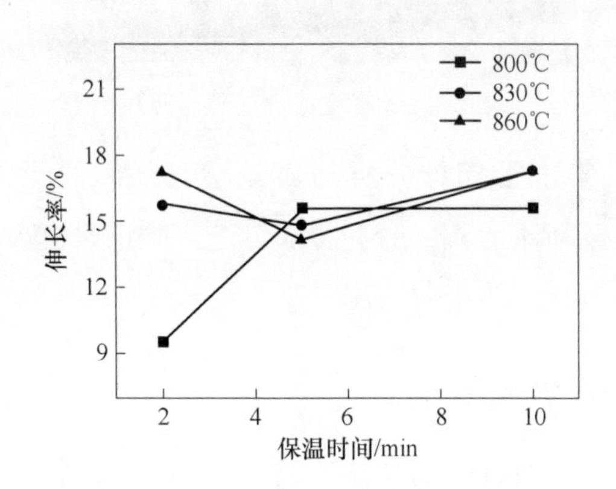

图 6-6 11 月 MTC3 伸长率

钢的抗拉强度和屈服强度都出现下降的趋势。而在相同时间不同温度下，其变化规律也不是十分明显，需要进一步做实验研究。同时，可以看到 10 月和 11 月 MTC3 的 r 值以及伸长率都出现了先下降后上升的趋势。

6.3 低碳搪瓷钢 MTC3 涂搪及密着性研究

实验钢采用钢厂现场生产的搪瓷试样，涂搪工艺见表 6-2。图 6-7 为搪瓷钢涂搪处理后的宏观照片，为了观察微观组织形貌进行取样制样。

表 6-2 涂搪试样采用的工艺

工 艺	涂搪温度/℃		
	820	840	860
保温时间/min	8	8	8
	10	10	10
	12	12	12

图 6-7 搪瓷钢涂搪处理后照片

使用 RAL 实验室电子探针分析其搪瓷层与基体的元素、成分的分布情况，并观察搪瓷钢板基体形貌，分析涂搪工艺对组织性能的影响，同时研究其涂搪后的搪瓷层与基体的密着情况。

6.3.1 涂搪后的显微组织

搪瓷钢进行涂搪，即可以理解为在搪瓷钢板上附着上一层釉料，再进行烧制的过程。这个烧制过程可以被认为是一个热处理的过程，因此会对其显微组织造成一定的影响。可以看到随着烧搪温度的提高和保温时间的增加，其显微组织也在发生着变化，会出现个别铁素体晶粒变得粗大的现象。

在实际的涂搪烧制之后，其显微组织如图 6-8~图 6-10 所示。从图中可以观察到，在搪瓷钢基体与搪瓷层釉料的交界处，即基体与釉层的界面，可以看到基体中依旧是等轴状的铁素体晶粒，且其有些晶粒的尺寸比基体心部的晶粒要大，部分铁素体晶粒发生了粗化。边角鳞爆处的基板在靠近瓷釉界面的位置处，铁素体晶粒尺寸不均匀，形状不规则；钢板心部为粗大的铁素体和较小的铁素体晶粒共存的组织。

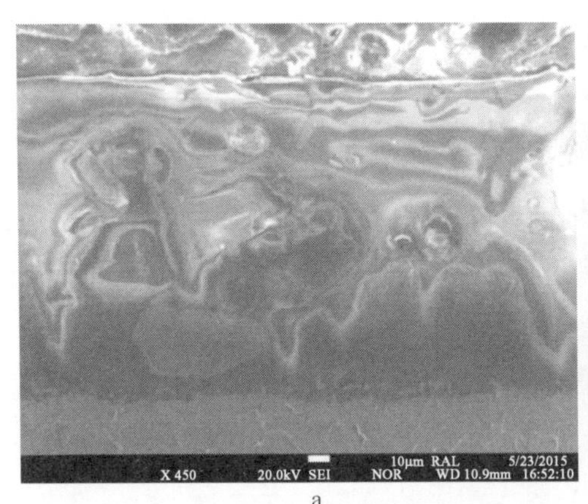

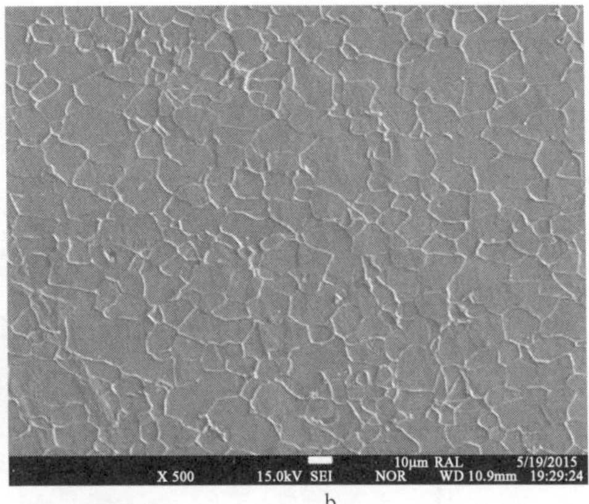

a b

图 6-8 820℃×10min 搪瓷钢的边缘与心部

a—边缘；b—心部

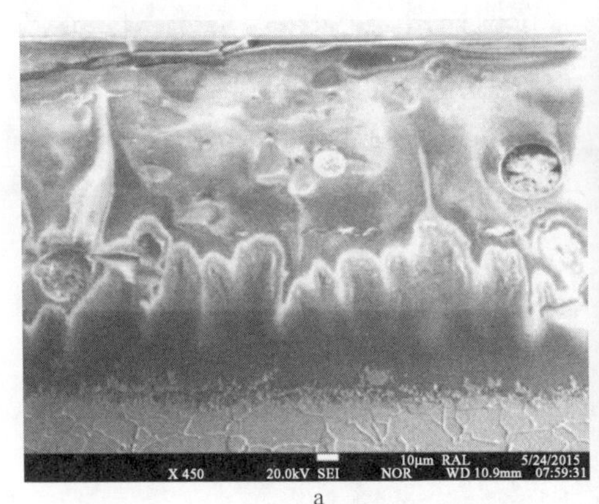

a b

图 6-9 840℃×10min 搪瓷钢的边缘与心部

a—边缘；b—心部

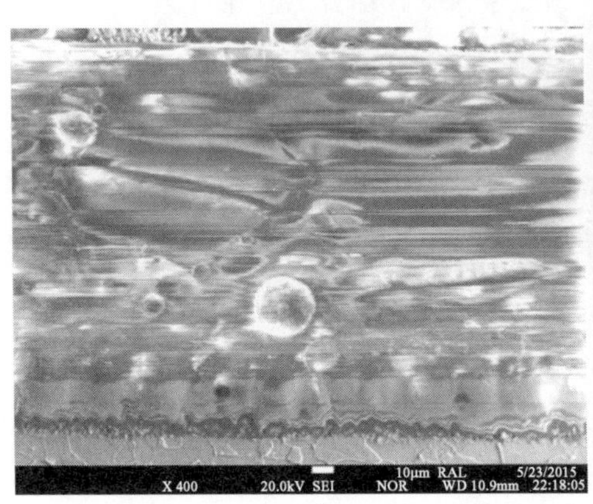

a b

图 6-10 860℃×10min 搪瓷钢的边缘与心部

a—边缘；b—心部

6.3.2 涂搪后成分分布的分析

通过实验钢的成分可以得知实验钢中所含各元素的成分及含量，而搪瓷层中釉料的化学成分则与搪瓷钢板基体不同，主要为C、O、N、Na、Al、Si等。在烧制阶段的高温下，瓷釉和金属之间通过元素的扩散而相互渗透，形成中间过渡层，使瓷釉和金属紧密结合，保证了复合材料的完整性。通过电子探针的面扫描分析，可以清楚地了解到搪瓷层、搪瓷层与基体的过渡层以及搪瓷钢板基体部分的元素分布情况。

6.3.2.1 搪瓷层形貌

搪瓷层是釉料经过涂搪烧制后，附着在搪瓷钢基体上的一层瓷釉。通过对搪瓷层的分析，可以清楚地看到在搪瓷层中的显微形貌和由于氢渗透而产生的气泡，而这些气泡正是造成搪瓷后鳞爆的产生。

图6-11即为搪瓷层的电子探针照片。图中第一、二根直线之间区域即为搪瓷层。从图中可以观察到搪瓷层中存在着一些圆形的氢气气泡造成的空洞区域。图中可以观察到第二、三根直线之间区域为搪瓷钢与基体的过渡区。

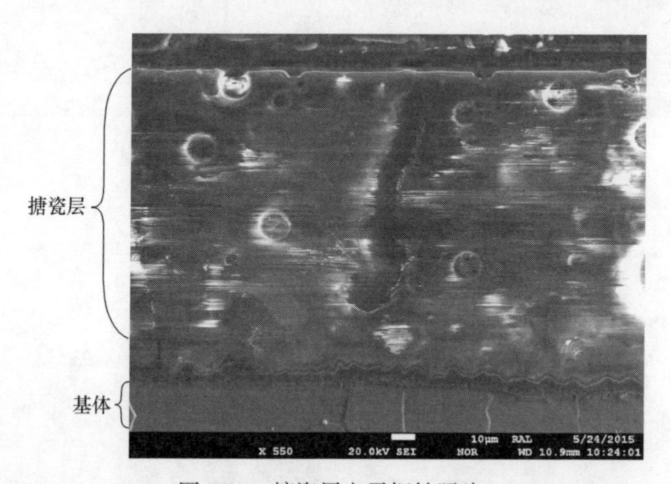

图6-11 搪瓷层电子探针照片

6.3.2.2 实验分析与讨论

图6-12为搪瓷层电子探针照片，由图可以看到制备的搪瓷层较厚，而且

有明显孔洞和气泡，明显看到在搪瓷层与钢管基体结合界面没有产生互相镶嵌的齿状密着，界面基本成一条直线。

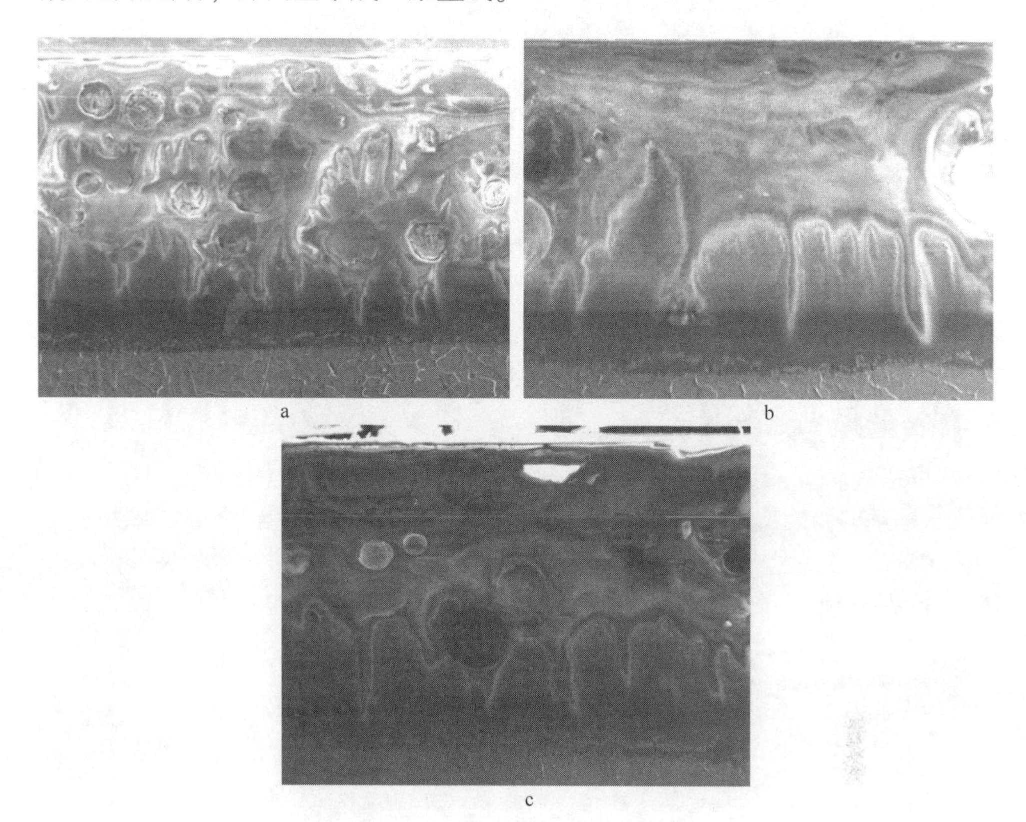

a b c

图 6-12 搪瓷层电子探针照片

a—820℃×8min；b—840℃×8min；c—860℃×8min

成分的分布往往能反映各个区域元素的分布，并通过元素的分布情况，分析实验钢各部分的组织。通过对搪瓷层、搪瓷层与基体的过渡层以及搪瓷钢板基体部分进行面扫描，来分析其各个部分的元素和含量。

图 6-13 为搪瓷层电子探针面扫描照片。对搪瓷层进行面扫描后，可以从图中看到各个搪瓷工艺下搪瓷层的各元素分布情况。本实验中对 C、N、O、P、S、Ti、Si、Mn、Al、Na 和 Fe 元素进行分析。在分析搪瓷层各部分时，可以通过分析各元素面扫描图片与 Fe 元素面扫描图片进行比对，来划分基体、过渡区及搪瓷层各部分区域。

观察并对比图 6-13 中各个元素的分布，其中 Na、P、N、Cl 元素总体上均匀分布在搪瓷层中；而 Si、O、Al、C 元素则大部分均匀分布在搪瓷层中，

a

b

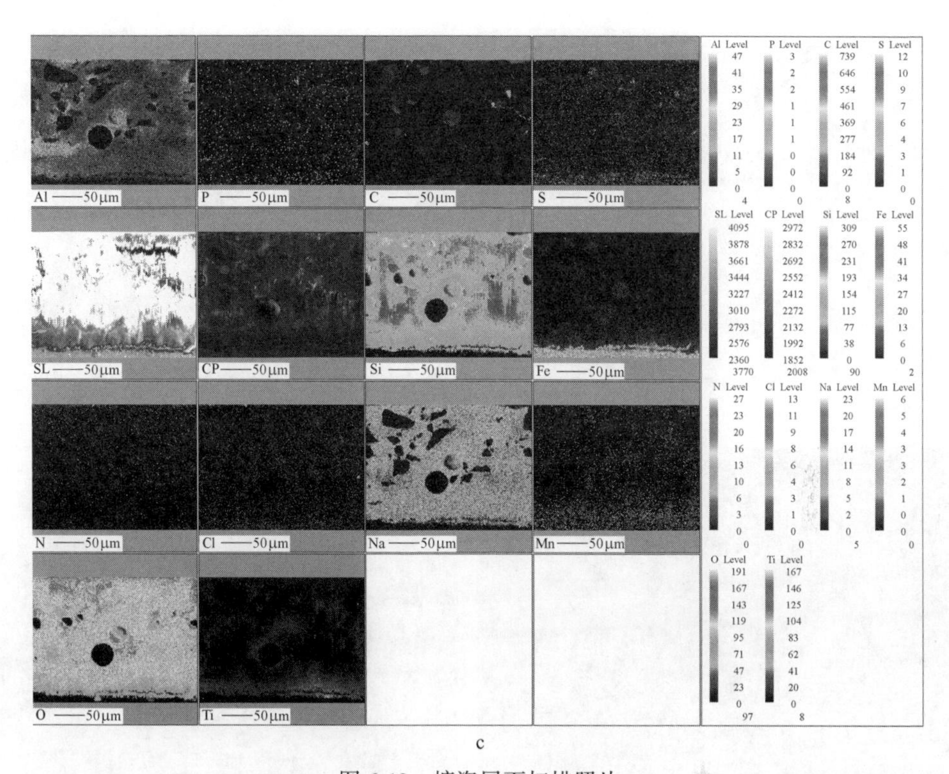

c

图 6-13　搪瓷层面扫描照片

a—820℃×8min；b—840℃×8min；c—860℃×8min

而少部分区域存在元素集中分布的情况，这很可能是由于其形成了 SiC 等或更复杂的化合物。从图 6-13 中的面扫描图中还可以发现，Na 元素变化不是很大，是由于钠离子半径较小，只需要较小空隙就可以进行扩散，因此扩散比较容易，伴随着烧结的高温，钠离子很容易扩散进入钢板基体中，图像中 Na、Si、Al、Cl 贯穿整个扫描区域，钢板基体中是没有这些元素的，推断是搪瓷层扩散进入的。以上的这些元素也正是构成搪瓷层釉料的主要化学成分。其分布越均匀，说明其釉料在涂搪前的制备中，各原料混合的越均匀，并且在涂搪烧制后，未发生物理化学变化而生成化合物或发生偏聚。

在搪瓷层、过渡层和基体三者中，分析过渡层能得到更多关于搪瓷层密着性以及搪瓷层和基体相互扩散的情况。图 6-14 中可以观察到各元素从基体扩散的情况。

图 6-14e 为 Fe、Ti、Mn 和 S 所对应的 SEM 形貌照片。图 6-14a 为 Fe 元素面扫描结果，可以看到在最下方为基体部分，在基体的上方，与搪瓷层交界

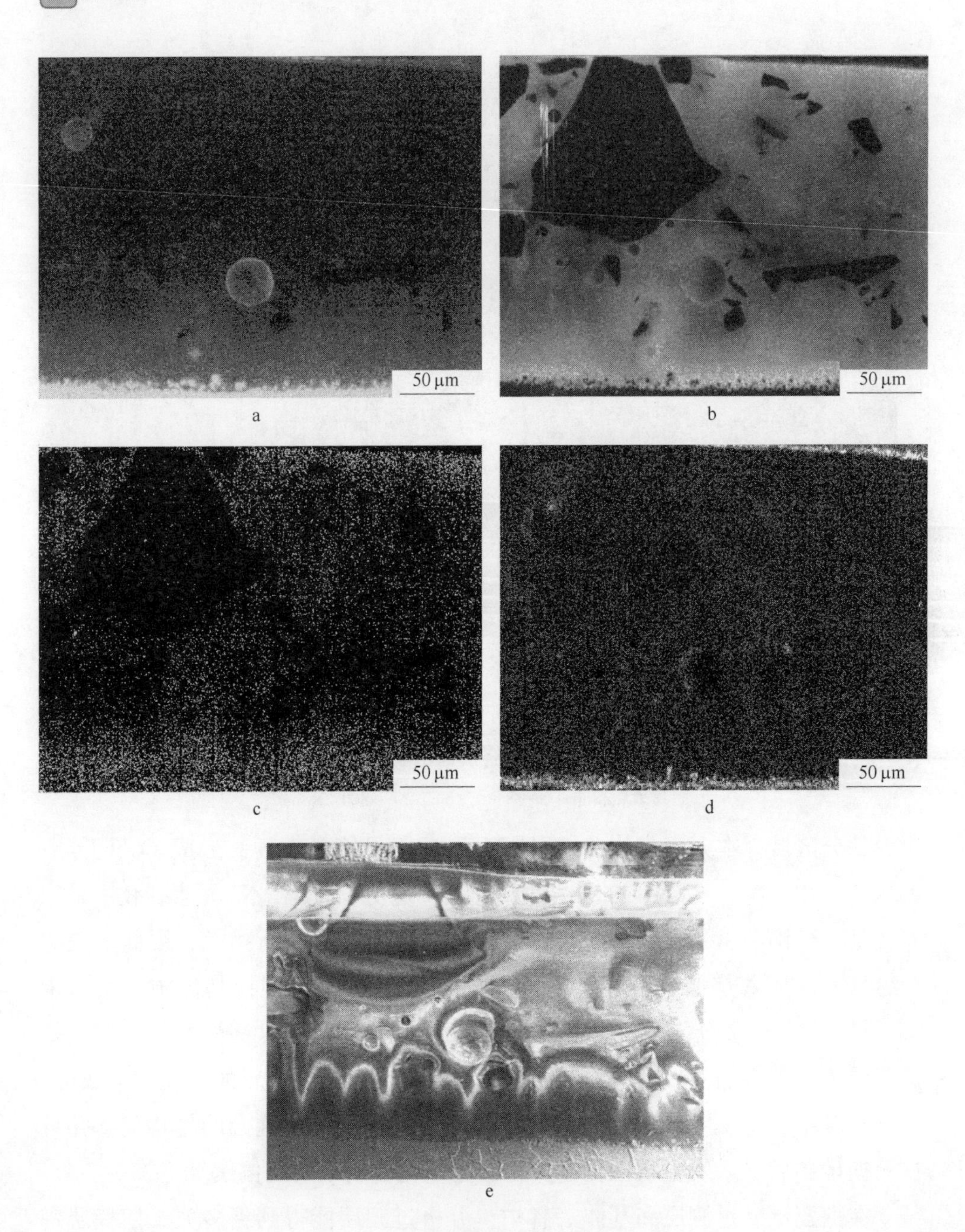

图 6-14 扩散元素面扫描照片

a—Fe；b—Ti；c—Mn；d—S；e—SEM 形貌

的过渡区，已经有很多的 Fe 元素集中扩散过去，并存在区域富集的现象，在图中显示为灰色区域。另外，在图中也可看到 Fe 元素的成分含量从基体到外面搪瓷层是呈现逐步减少的趋势。从这两点上可以分析，在涂搪烧制后的搪瓷钢，Fe元素会在这个过程中由基体逐步向搪瓷层扩散。同样在图6-14b~d中也看出Ti、Mn及S元素，与Fe元素一样发生了从基体到搪瓷层的扩散现象。图6-14d为S元素的面扫描图片，可以观察到在过渡层区域是S元素最集中的区域，并也存在从基体向搪瓷层扩散的趋势。

图6-15为搪瓷层线扫描结果，图中直线处为线扫描的路径。从图中可以看到，扫描的路径经过一个氢气空洞。结果显示，在搪瓷层中主要存在着Ca、Si、Al、O、N等元素，在进入基体后，Fe峰急剧上升，Al峰和O峰急剧下降。在Fe元素峰上升前，S峰出现了突变，即上升后又下降。这个和面扫描的结果是一样的，在搪瓷钢的搪瓷层和基体中间的过渡区，是S元素比较集中的区域。

由以上元素分布情况推断搪瓷层与钢板基体之间发生了扩散现象，并在界面反应生成了新的化合物，使界面处达到冶金结合。这样制备的搪瓷层与基体结合强度高，在实际生产中，搪瓷层与基体才能结合牢固，不易脱落。各种元素的相互扩散，在搪瓷的界面上，形成了化学组成介于搪瓷釉和金属铁之间的中间过渡层。中间过渡层中氧化物与搪瓷釉中氧化物可以形成牢固的离子键和共价键；中间过渡层中铁元素与金属铁可以形成牢固的金属键，通过中间过渡层使搪瓷层与金属铁层形成牢固的搪瓷密着。

另外，可以通过锯齿咬合状的深浅和多少来衡量密着性能。随着烧结温度的升高，搪瓷层与金属基体的密着性越来越好。因为烧结温度越高，瓷釉熔融就越充分，高温黏度越来越小，流动性也越来越好，瓷釉与金属基体的相互扩散作用也越来越明显，金属基体被侵蚀也越深，即咬合突出越来越明显。在搪瓷试样烧结过程中，氧气可以穿过烘干的瓷釉层与打底层金属接触，打底层合金表面的Fe首先被氧化成Fe_2O_3薄膜，打底层表面生成的Fe_2O_3又与搪瓷釉发生化学反应，Fe_2O_3被还原成FeO而融入瓷釉，即发生了瓷釉与打底层的相互扩散与渗透，所以在结合界面处形成具有较深的咬合状突出的过渡层，使搪瓷层与金属基体的密着程度更好。

6.3.3 模拟涂搪对渗氢时间的影响

搪瓷钢板不同于普通的钢板，不仅要进行各种常温的大变形加工，而且

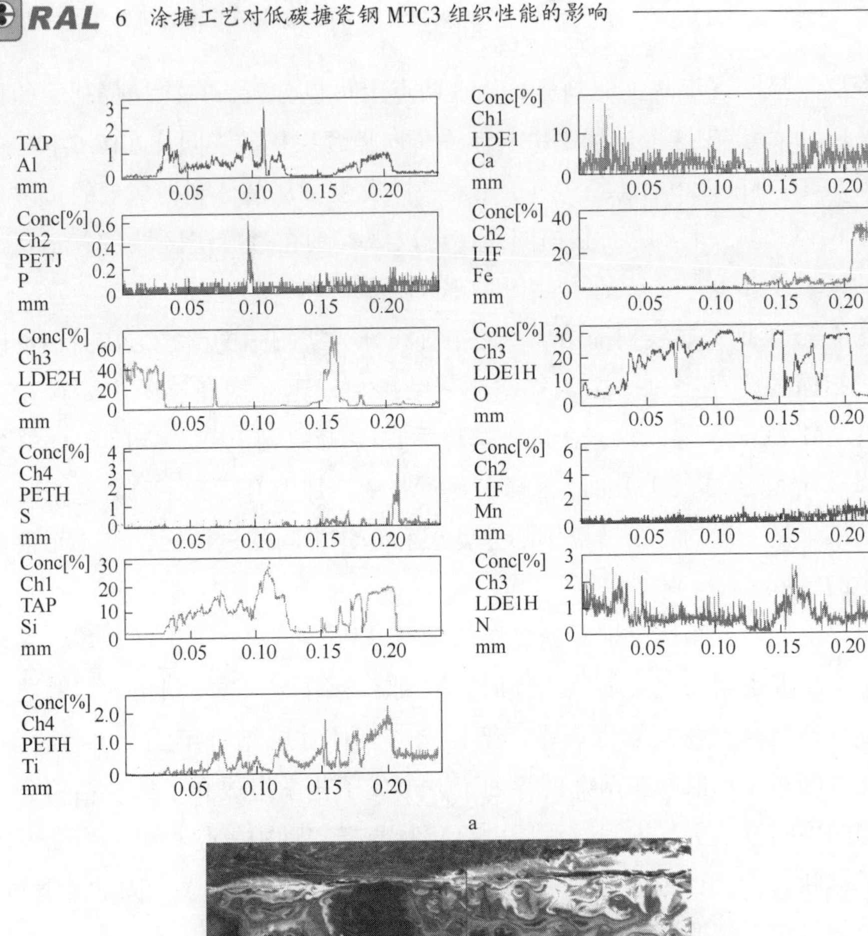

a

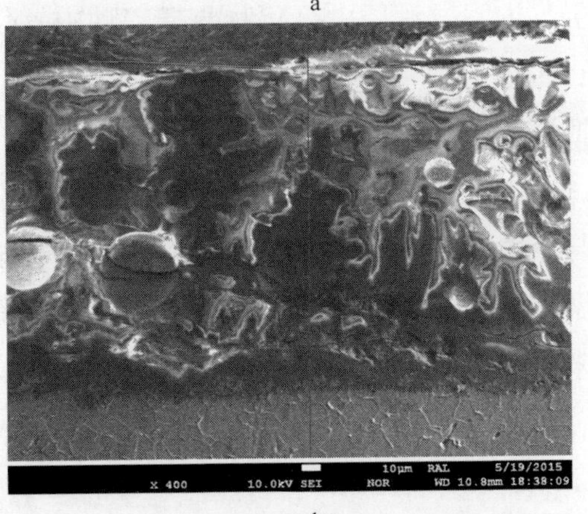

b

图 6-15 扩散元素线扫描照片

a—各扩散元素线扫描结果；b—线扫描位置照片

需要进行表面的高温涂搪加工。因此，搪瓷钢板除了要满足良好的塑性和韧性的要求之外，还必须要符合涂搪工艺的低吸气性和与表面搪瓷相近的收缩性能和质量要求。搪瓷钢板在轧制后进行冲压成型，再于表面涂覆一层搪瓷加以高温烧制。在搪瓷的配料中含有大量的结晶水，因此在搪瓷制坯高温烧制时，瓷浆内部的结晶水便会与钢板表面的铁元素和碳元素发生反应生成氢原子。随着氢原子的浓度增高，根据扩散定律，这些生成的氢原子会扩散进入钢板。在烧制结束的冷却后，随着固溶度的降低，氢会向表层微裂缝处扩散，当扩散到一定程度时产生 H_2，形成一定的内压。当产生的 H_2 足够多时，其内压便会逐渐达到临界值，此时就会从搪瓷层的表面鼓出，形成一个个亮点。当氢气的压力高于此临界值时，H_2 会大量逸出、冲出搪瓷层，使搪瓷表面局部剥离呈鱼鳞状，故称鳞爆。因此，可以得出结论，搪瓷钢的鳞爆现象归结于搪烧或酸洗时进入钢板的氢原子。

实验发现，当氢在钢板中的扩散系数 D_b（用穿透时间 t_b 测出）低于临界值 D_c，就不会发生鳞爆。因而，氢穿透时间 t_b 的测定对于说明钢板贮氢能力是重要的指标。本实验采用自制的实验装备对氢穿透时间进行测定，以定量地说明不同搪瓷工艺对实验钢贮氢性能的影响。

利用 H 渗透实验装置，按照上述的实验操作步骤进行实验，测出氢渗透时间。选取的模拟涂搪工艺为保温温度分别为 800℃、830℃、860℃、890℃，保温时间分别为 2min、5min、10min、20min。通过实验数据的处理，并将实验所得的氢渗透时间折算成 1mm 厚试样所用的时间，得到最终的氢渗透时间。图 6-16 为实验测得的氢渗透曲线。由图中的氢渗透曲线可以看到，随着氢渗透时间的增加，归一化通量是逐渐增大的，但其增大至 1.0 时，说明氢在钢板中达到稳态渗透。

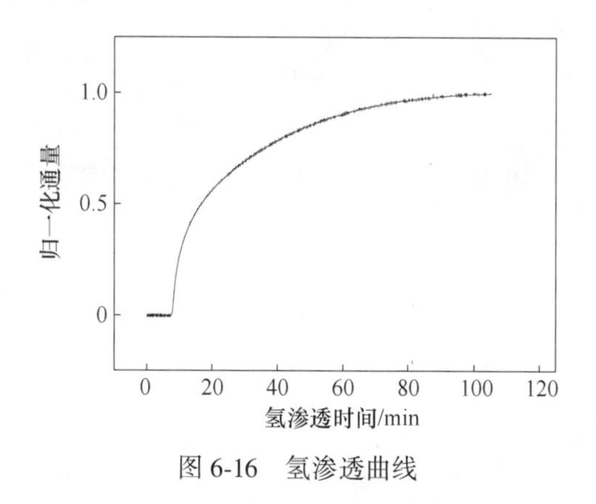

图 6-16　氢渗透曲线

图 6-17 为模拟涂搪的温度和保温时间对氢渗透时间的影响。从图中可以

看出，随着模拟涂搪温度的升高，其氢渗透时间 t_b 逐步降低；并且，随着模拟涂搪保温时间的增加，其氢渗透时间 t_b 也随之降低。

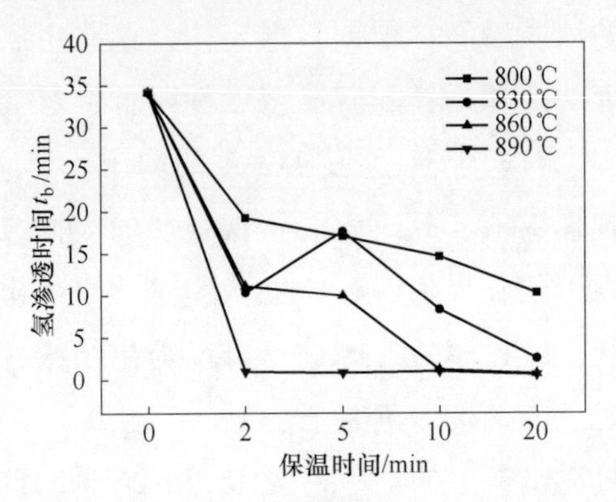

图 6-17　模拟涂搪温度和保温时间对氢渗透时间的影响

由实验结果可知模拟涂搪温度在 800～890℃之间，实验钢的氢扩散系数随着模拟涂搪温度的升高而升高，氢渗透时间 t_b 随之缩短。

对于搪瓷用钢来说，以 1mm 厚的钢板为准，普遍认为要保证钢板具有良好的抗鳞爆性能，氢渗透时间 t_b 至少为 6～8min。因此可以从表 6-3 中看到，当模拟涂搪温度为 830℃保温时间为 20min 时、860℃保温在 10min 以上时和温度为 890℃时，其氢渗透时间都低于 6min，是不符合要求的，模拟涂搪温度为 890℃的钢板抗鳞爆性能严重不足。

表 6-3　不同模拟涂搪工艺的氢渗透时间和扩散系数

模拟涂搪工艺	氢渗透时间 t_b/min		扩散系数 D/cm^2·s^{-1}
	0.7mm	折算 1mm	
未模拟涂搪	16.75	34.18	2.46×10^{-7}
800℃×2min	9.42	19.22	4.38×10^{-7}
800℃×5min	8.35	17.04	4.94×10^{-7}
800℃×10min	7.18	14.65	5.74×10^{-7}
800℃×20min	5.06	10.33	8.15×10^{-7}
830℃×2min	5.06	10.33	8.15×10^{-7}
830℃×5min	8.63	17.61	4.78×10^{-7}
830℃×10min	4.07	8.31	10.13×10^{-7}
830℃×20min	1.24	2.53	33.26×10^{-7}
860℃×2min	5.45	11.12	7.57×10^{-7}

续表 6-3

模拟涂搪工艺	氢渗透时间 t_b/min		扩散系数 $D/cm^2 \cdot s^{-1}$
	0.7mm	折算 1mm	
860℃×5min	4.88	9.96	8.45×10^{-7}
860℃×10min	0.57	1.16	72.35×10^{-7}
860℃×20min	0.33	0.67	124.97×10^{-7}
890℃×2min	0.46	0.94	89.66×10^{-7}
890℃×5min	0.39	0.80	105.75×10^{-7}
890℃×10min	0.48	0.98	85.92×10^{-7}
890℃×20min	0.28	0.57	147.29×10^{-7}

同时，可以从图 6-17 和表 6-3 中看出，在模拟涂搪过程中，随着涂搪温度的升高，其氢渗透时间 t_b 基本上呈缩短趋势。当模拟涂搪温度为 890℃时，其氢渗透时间 t_b 已经为一个很小的数值，保温时间对其影响不大，可以认为当模拟涂搪温度为 890℃时，其氢渗透性能严重不足。当保温时间为 10min 及以下时，除了模拟涂搪温度为 860℃、890℃时，其他实验钢板的氢渗透时间 t_b 都高于 6min，满足搪瓷钢板对于氢渗透性能的要求。

图 6-18 是氢在钢板中的扩散系数随保温时间的变化规律。从图 6-18 和表 6-3 中可以看出，在模拟涂搪过程中，随着涂搪温度的增加，其氢扩散系数呈增大趋势。但也可以从中看出，当保温时间在 10min 以下时，不同模拟涂搪的氢扩散系数随着保温时间的增加，其增大的趋势不明显。但当温度从 10min 增大到 20min 时，其保温时间对氢扩散系数的影响很大，增大趋势明显。

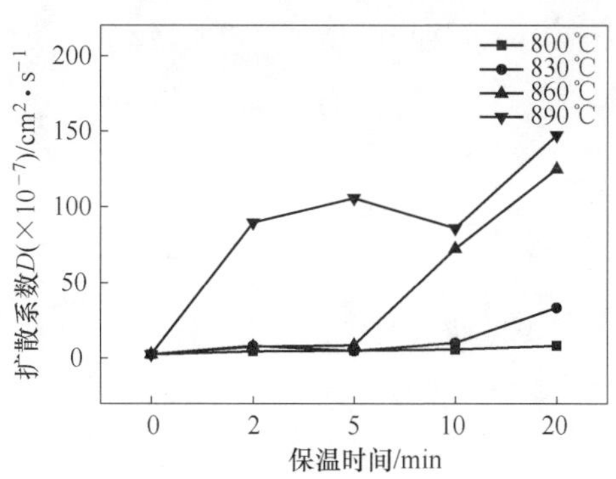

图 6-18 氢在钢板中的扩散系数随保温时间的变化规律

6.4 分析与讨论

抗鳞爆性能是搪瓷钢的重要性能，它影响着搪瓷钢的使用。现已被很多研究证实，搪瓷钢中的各种内部缺陷是捕获氢的氢陷阱，进而会影响其氢渗透性能，内部缺陷越多其抗鳞爆性能越佳。

经过研究，这些内部的缺陷主要包括第二相粒子与基体的界面、位错、空位、晶界、微孔洞等。其中第二相粒子与基体的界面在其中的影响最大，而且钢中的第二相粒子分布的越弥散，粒子越小，则其成为氢陷阱对氢的捕获作用越大。

6.4.1 相同模拟涂搪温度下不同的保温时间对氢渗透的影响

图6-19是相同模拟涂搪温度下不同保温时间实验钢的第二相分布情况。在相同的模拟涂搪温度下，对实验钢进行不同时间的保温。随着保温时间的增加，实验钢的晶粒尺寸会逐渐增大。并且，其析出物的数量也会逐渐减少，因为在保温过程中，会有一些第二相粒子发生溶解，而在空冷阶段没有重新析出。

在6.3.3节中可知，实验钢在相同的模拟涂搪温度下，随着保温时间的增长，其氢渗透时间 t_b 随之缩短。当保温时间为20min时，其氢渗透时间急剧缩短。这个实验结果，可以由图6-19中得以证实。

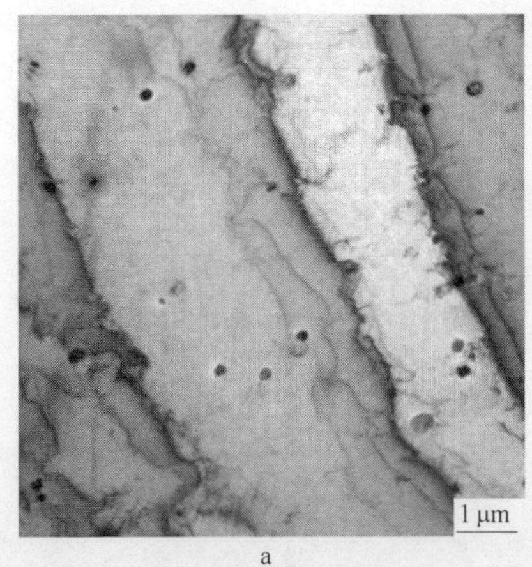

a

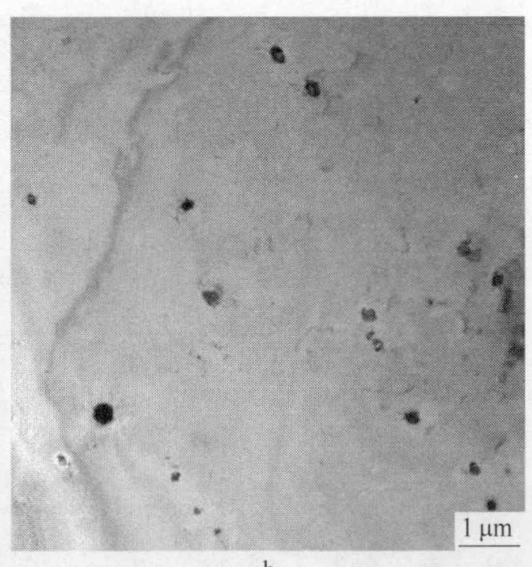

b

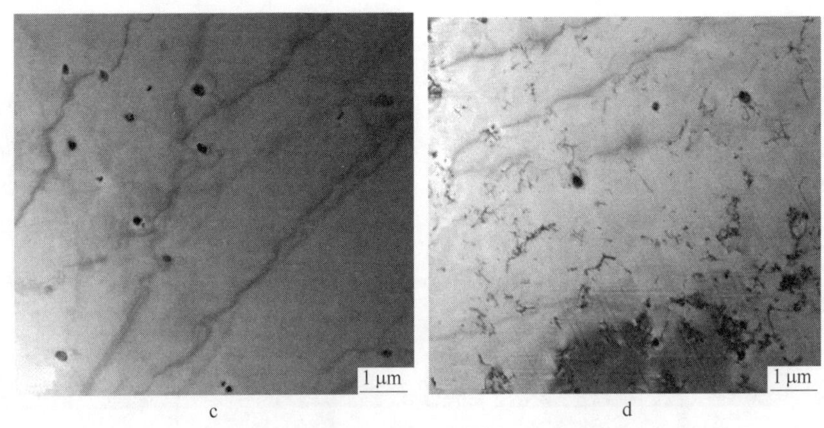

c d

图 6-19 相同模拟涂搪温度下不同保温时间实验钢的第二相分布

a—2min；b—5min；c—10min；d—20min

在保温时间不超过 10min 时，析出物数量较多，分布也较为弥散；而当保温时间增加至 20min 时，其析出物数量急剧减少，这也正反映了其实验钢氢渗透时间急剧缩短的现象。

图 6-20 为相同模拟涂搪温度下不同保温时间实验钢的电子探针二次电子照片。由图可见，其微观组织为铁素体，并在某些晶界交界处存在少量的珠光体，晶粒内弥散分布着一定量的析出粒子。随着保温时间的增加，其晶粒尺寸从 10μm 增大到近 30μm。晶粒中分布的析出物虽然没有透射照片中明显，但也能在电子探针照片中看到一些第二相粒子的分布情况。另外，在图 6-20d 中，可以明显地看到有一些析出物的尺寸较图 6-20a～c 图中的要大，这是因为随着保温时间的增加，在析出物的溶解和析出过程中，发生了第二相粒子的粗化现象。

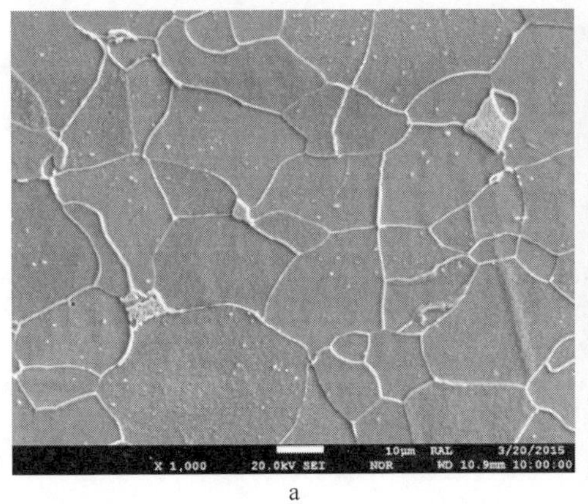

a

b

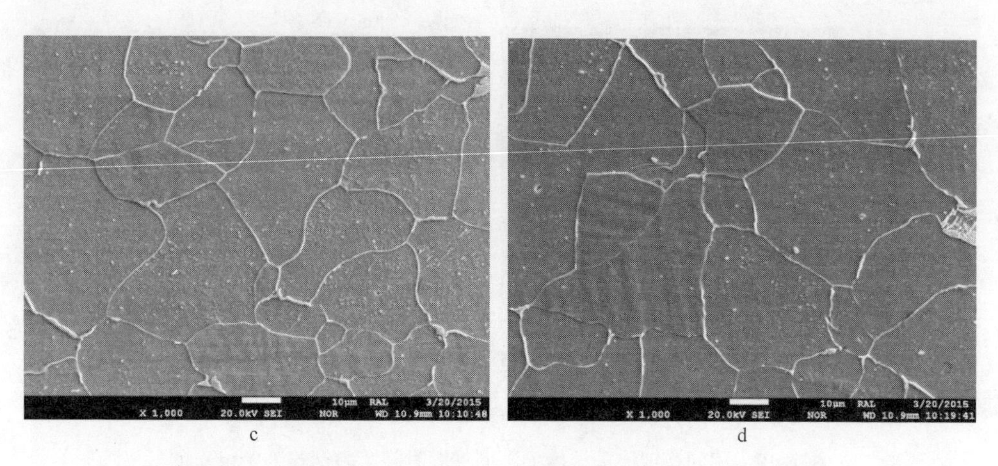

图 6-20 相同模拟涂搪温度下不同保温时间实验钢的电子探针照片

a—2min；b—5min；c—10min；d—20min

6.4.2 相同保温时间下不同模拟涂搪温度对氢渗透的影响

图 6-21 是保温 10min 下不同模拟涂搪温度的透射电镜照片。在相同的保

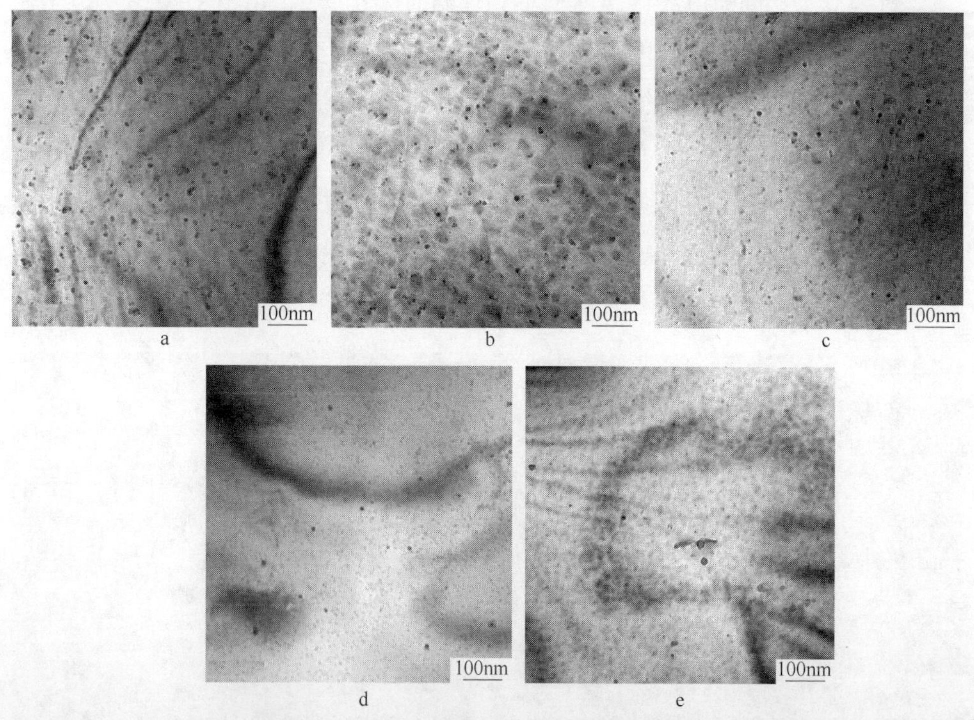

图 6-21 保温 10min 下不同模拟涂搪温度的透射电镜析出物照片

a—未处理；b—800℃；c—830℃；d—860℃；e—890℃

温时间下，对实验钢采用不同的模拟涂搪温度处理。由于模拟涂搪温度的升高，实验钢的晶粒尺寸会逐渐增大。并且，其析出物的数量也会逐渐减少，同时有些析出物也随着温度的升高，出现了一些粗化的现象。

在6.3.3节中可知，实验钢在相同的保温时间下，随着模拟涂搪温度的升高，其氢渗透时间t_b随之缩短。当保温时间小于10min时，在保温时间不变的情况下，其氢渗透时间随着温度的升高而缩短。当保温时间大于10min时，在保温时间不变的情况下，总体上看氢渗透时间随着温度的升高而缩短。但当保温时间升高到20min时，其氢渗透时间t_b变化已不十分明显，这是因为在这个模拟涂搪温度和保温时间下，其晶粒已变化到较大的程度，且其中的析出物数量也急剧减少，因此其氢渗透时间大体相同且都为较短的水平。

6.5 本章小结

（1）在搪瓷钢基体与搪瓷层釉料的交界处，是等轴状的铁素体晶粒，且其有些晶粒的尺寸比基体心部的晶粒尺寸要大，部分铁素体晶粒发生了粗化，边角鳞爆处的基板在靠近瓷釉界面的位置处，铁素体晶粒尺寸不均匀，形状不规则；钢板心部为更加粗大的铁素体和较小的铁素体晶粒共存的组织。

（2）从搪瓷层电子探针照片可以看到制备的搪瓷层较厚，而且有明显孔洞和气泡，明显看到在搪瓷层与钢板基体结合界面没有产生互相镶嵌的齿状密着，界面基本成一条直线。

（3）搪瓷钢实际涂搪后边缘可分为三部分，即搪瓷层、过渡层和基体。通过对化学成分的面扫描，Na、P、N、Cl元素总体上均匀分布在搪瓷层中；而Si、O、Al、C元素则大部分均匀分布在搪瓷层中，少部分区域存在元素集中分布的情况。Na、Si、Al、Cl贯穿整个扫描区域，是搪瓷层扩散进入的。构成搪瓷层釉料的主要化学成分分布越均匀，说明其在涂搪前的制备中，各原料混合的越均匀。并且在涂搪烧制后，未发生物理化学变化而生成化合物或发生偏聚。

（4）通过瓷釉与基体的相互扩散与渗透，在结合界面处形成具有较深的咬合状突出的过渡层，使搪瓷层与金属基体的密着程度更好。中间过渡层与搪瓷釉中氧化物可以形成牢固的离子键和共价键；中间过渡层中铁元素与金属铁可以形成牢固的金属键，通过中间过渡层使搪瓷层与金属基体形成牢固的搪瓷密着。

（5）随着模拟涂搪温度的升高，其氢渗透时间t_b逐步降低；随着模拟涂搪保温时间的增加，其氢渗透时间t_b也随之降低。

参 考 文 献

[1] 张庆琳．抗鳞爆性优良的搪瓷用钢板的研制［J］．宝钢技术，1993，(5)：45~49.

[2] 杨萍．钢板搪瓷鳞爆缺陷探讨［J］．中国搪瓷，1998，19 (5)：27~29.

[3] 孙全社，金蕾，张庆安，等．冷轧搪瓷钢板的抗鳞爆性能的研究［J］．钢铁，2000，35 (4)：44~46.

[4] 袁晓敏，张庆安，孙全社．搪瓷钢板中析出物的测定［J］．钢铁研究学报，2000，12 (5)：58~60.

[5] 孙全社，等．加钛超低碳钢成型性能和贮氢性能的研究［J］．钢铁，2000，35 (1)：39~42.

[6] 孙全社，金蕾．含 Ti 超低碳钢的氢渗透实验研究［J］．上海金属，2004，26 (2)：9~11.

[7] 金蕾，徐洲，孙全社．退火工艺对含钛超低碳搪瓷钢板成型和贮氢性能的影响［J］．上海金属，2005，27 (2)：11~13.

[8] 刘嵩，于宁，刘立群，等．冷轧超低碳搪瓷钢板的研究［J］．鞍钢技术，2009 (1)：25~29.

[9] 孙全社，居发亮，蒋伟忠．冷轧超低碳钢的析出相和氢穿透时间研究［J］．上海金属，2012，34 (1)：15~20.

[10] 张万灵，刘建容．冷轧搪瓷钢板抗鳞爆性能检测方法评述［J］．武钢技术，2009，47 (6)：44~62.

[11] 马方容，李金许，褚武扬，等．搪瓷钢的氢扩散研究［J］．中国腐蚀与防护学报，2010，30 (4)：269~272.

[12] 张庆琳．抗鳞爆性优良的搪瓷用钢板的研制［J］．宝钢技术，1993 (5)：45~49.

RAL · NEU 研究报告

（截至 2016 年）

No. 0001 大热输入焊接用钢组织控制技术研究与应用

No. 0002 850mm 不锈钢两级自动化控制系统研究与应用

No. 0003 1450mm 酸洗冷连轧机组自动化控制系统研究与应用

No. 0004 钢中微合金元素析出及组织性能控制

No. 0005 高品质电工钢的研究与开发

No. 0006 新一代 TMCP 技术在钢管热处理工艺与设备中的应用研究

No. 0007 真空制坯复合轧制技术与工艺

No. 0008 高强度低合金耐磨钢研制开发与工业化应用

No. 0009 热轧中厚板新一代 TMCP 技术研究与应用

No. 0010 中厚板连续热处理关键技术研究与应用

No. 0011 冷轧润滑系统设计理论及混合润滑机理研究

No. 0012 基于超快冷技术含 Nb 钢组织性能控制及应用

No. 0013 奥氏体-铁素体相变动力学研究

No. 0014 高合金材料热加工图及组织演变

No. 0015 中厚板平面形状控制模型研究与工业实践

No. 0016 轴承钢超快速冷却技术研究与开发

No. 0017 高品质电工钢薄带连铸制造理论与工艺技术研究

No. 0018 热轧双相钢先进生产工艺研究与开发

No. 0019 点焊冲击性能测试技术与设备

No. 0020 新一代 TMCP 条件下热轧钢材组织性能调控基本规律及典型应用

No. 0021 热轧板带钢新一代 TMCP 工艺与装备技术开发及应用

No. 0022 液压张力温轧机的研制与应用

No. 0023 纳米晶钢组织控制理论与制备技术

No. 0024 搪瓷钢的产品开发及机理研究

No. 0025 高强韧性贝氏体钢的组织控制及工艺开发研究

No. 0026 超快速冷却技术创新性应用——DQ&P 工艺再创新

No. 0027 搅拌摩擦焊接技术的研究

（2017 年待续）